論文を書くための科学の手順

山田俊弘　著

文一総合出版

まえがき　科学研究をする人たちをガイドする

世界はまだまだ良くなれる

この本を手にしているあなたは科学に興味をもっていることだろう。もしかすると理系の大学の学生やそういった進路を目指している高校生かもしれないし、大学院生や研究者なのかもしれない。みなさんのように科学に興味があり、科学研究を行おうと思っている人にはぜひとも本書を読んでいただきたいと思っている。個人的には、「科学研究のバイブル」と呼ばれるようなヒット作になればと切願するくらいの勢いである。

大ヒットを願う理由は、よい書籍を世に送り出し、世の中を変えたいと本気で思っていることにある。そのためには、一人でも多くの人に本書を読んでもらい、少しでも多くの人に本書に書かれていることを同感・同調してもらう必要がある。つまり、ヒット作になってもらわなければこの望みはかなわないのである。

この本によって世の中のどこを、どのように変えたいのかというと、**科学の手順を身につけること**

とで、科学研究をもっと効率的に論文にまとめられるようにしたいのである。科学の進歩は科学研究が論文として公表されることで遂げられる。科学研究を行っても、それが論文にまとめられなかったのでは科学研究は行われていないのと同じことなのだ。論文作成の効率化が図れれば、それだけ効率的に科学を進歩させることができる。私は本書により論文作成の効率化が図れるように世界を変えることで、科学の進歩に貢献したいのだ。

今より効率的に論文をまとめられるように世界を変えたいと書くのだから忖度《そんたく》していただけると思うが、論文作成は骨が折れる。私の場合、論文をまとめるのに命をすり減らすかのごとくの努力を数か月も続けるのが毎度のことである。いや、これでも随分とましになったほうだ。研究を始めたばかりの大学院生のころは、一向にまとまる気配のない論文を前に、「私は本当に研究を論文にまとめられるのだろうか？」とぼう然とした記憶さえある。これは、極めて出来が悪いという私の個人的な落ち度のせいだけにしてはならない。大学院時代の同級生たちは同じような悩みを抱えていたし、同じような不安な気持ちを抱いていた。それに、先ほどは謙遜して自分のことを出来が悪いなどと書いたのではあるが、本当のことを言うと私は結構できるほうだし、自己評価ではドラえもんでいうところの出来杉《できすぎ》くん(何でも出来てしまう秀才キャラクター)的な立ち位置にいると思っている。仮にあなたがしずかちゃんならば、論文作成に悶絶する私を見て「出来杉君でさえ……」と驚いてもいいほどの場面なのである。

まえがき

「論文がまとまらない」という悩みは過去のものではなく、二十一世紀になった今でも現在進行形で同じ悩みをもっている人もたくさんいることだろう。私が指導している卒論生（卒業研究を行い、卒業論文を書いている学生のこと）や大学院生たちもそのように見受けられることもあるし、論文の書き方に関する書籍がたくさん出版されていることからも、論文をまとめることに四苦八苦している人が多いことをうかがい知れる。ということは、**論文がまとまらないという問題は私が大学院生をしていた二十年前からいまだ解決されておらず、今なお多くの大学生や大学院生、科学者が同じ悩みを抱え続けているということになる。**二十年以上も未解決……これが刑事事件ならば、迷宮入りの難事件といったところだろう。本書を通じて私は、この由々しき事態を改善したいのである。

もしかしたら、「論文をまとめるということは、つまりそういうことだ。悩まなければ、論文はまとまるはずもない」という達観した考えもあるかもしれない。確かに一理ある。しかし、私が主張したいのは「論文はもっと効率的にまとめられる」という点である。大学院生のころの自分を振り返ると、そして指導する学生たちを眺めると、悩まなくていいところで悩み、つまずかなくてよいところでつまずいているように見えてしまう。論文作成には大幅に効率化できるところが残されている。

まずは何が論文作成の律速（論文がまとまる速さの制限要因）になっているのか考えてみよう。「実験や観察の結果が出ない」という悩みをもつ人もいるかもしれないが、多くの場合、これが論文作成の律速ではないだろう。むしろ、**実験や観察の結果はあるにもかかわらず、それを論文にまとめる段階で手を焼くことが多いのである。この段階で苦しめられる理由は「論理」にある。**論理とは、「教科書や学術論文から得た科学知識と観察や実験から得た経験的な事実から、詭弁に陥ることなく正しく論を展開し、結論を導き出す方便」を指す。簡単に言うと、実験や観察結果から結論を導くまでの論理を正しく展開させることが、論文作成の律速となることがほとんどなのである。そして、**論文が効率的にまとめられない最大の理由は論理的思考力の弱さにある。**

とはいえ、我々の論理的思考力が弱いことは今に始まったことではない。我々は古《いにしえ》からずっと論理的に考えるのが苦手で、それは普通のことなのである。普段から論理的思考のトレーニングをしていなければ、論文をまとめるときだけ急に論理的に考えるスイッチが入ることなんてまずありえないし、一方で日常生活では論理的に考えるトレーニングになるような機会はほとんどない。普通に生きているだけで論理的な思考力が磨かれることは期待できないと思っていい。「なんだ、論理的に考えるのが苦手で論文をうまくまとめられないのは、私だけじゃないんだ」と安心されても結構であるが、これでは何も問題は解決していない。

私を含め、ほぼすべての人は論理的に考えるのが苦手だ。しかし、科学では高度な論理性が求められる。論理を巡るこのギャップは古くから科学者を悩ませてきた。そこで考え出された解決方法が、科学で用いる論理を統一するというものである。つまり、科学で用いる論理の型をあらかじめ決めてしまい、すべての科学者がこの型に沿って論理展開するという考えだ。確かにこうすれば、誰でも論理性に問題のない論文が作成できる。この考えは決して新しいものではなく、実は十九世紀後半、いやそれより前から実施済みなのである。

科学で採用されている論理の型は仮説演繹と呼ばれており、

1. **研究対象とする現象を提案し、**
2. **その現象を説明する仮説をつくり、**
3. **仮説をもとに実証可能な予言を導き、**
4. **実験や観察で予言の正しさを評価し、**
5. **この評価をもとに仮説の真偽を検証する**

というものである。この仮説演繹の論理の通り清々粛々と論文をまとめていけば、自動的に論理的な欠点のない論文が作られるわけだから、論文作成時の論理展開に悩むことはまったくないのである。論文作成時の論理展開が効率化できれば、論文がまとまらないという悩みの多くは解決されるはずである。

百年以上前からこんな素敵な工夫が仕掛けられているというのに、なぜ私たちはいまだに科学の論理展開につまずいてしまうのだろうか？　答えは簡単である。**科学研究を行う人の多くが（特に初めて研究を研究する人のほとんどが）、科学研究が仮説演繹の論理構成で進められているということを認識していないからである。**もちろん、多くの人は上に示した仮説演繹の論理展開をどこかで見聞きしたことがあるはずだろう。研究室でも、「仮説」や「検証」という言葉を何度も聞いたはずである。しかし、まさかそれが仮説演繹と呼ばれている科学の標準的な論理展開であるとは、ほとんどの人が気づいていないのである。

本来ならば科学研究は、計画段階から仮説演繹に沿った形で入念に練られておくべきものである。こうしておけば、論文をまとめる段階で悩むことなど起こりえない。しかし、初めて科学研究をするときにやりがちなのが、とりあえず思いつくままにデータを取ってしまい、後からデータを矛盾なく説明する論を考えるやり方である。これでは論理が破綻し、うまくまとまらないことが目に見えている。

こう考えると、科学研究と論文作成で最も必要とされる力が何かもうおわかりだろう。それは計算力でもなければ実験技術でもなく、仮説演繹の論理展開に沿って考えを進める力なのである。

本書ではまず、科学研究と論文作成を行う上で最も重要となる「仮説演繹」がどんなものかを詳しく説明する。そして、なぜ仮説演繹が科学で用いられるほど論理性が高いのかも解説していく。仮説演繹の重要性を認識し、計画段階から仮説演繹の論理展開で研究を進めることで、論文作成の効率化が見込めるはずだ。

ところで、科学には物理学・化学・生物学・地学といった学問分野があり、さらにそれぞれがもっと細かな専門分野に細分されている。例えば、生物学ならば分子生物学、細胞生物学、発生生物学、進化生物学、集団遺伝学、生態学などに細分されるといった具合である。もちろん、科学研究のため必要となる知識や実験・観察手法は学問分野や専門分野ごとに異なる。しかし、科学で用いられる論理はすべての分野で仮説演繹に統一されているのだ。つまり、仮説演繹は分野に関係なくすべての科学者が共通して利用する汎用性の高い論理なのである。

誰も教えてくれない科学研究の論理展開

理系の大学生やそうした進路を模索している高校生は、「科学研究や論文作成か……関係ないな」などと思ってしまうかもしれない。ところが、理系の大学に入学した人すべてがいずれ科学研究や論文作成を行うことになる。あなたが入学したい大学や入学した大学にも卒業要件に卒業研究（いわゆる卒論）が課せられていることだろう。あなたは近い将来、こうした科学研究に必ず取り組むことになる。決して他人事ではない。

では、私たちはいつ、どこで先ほどの仮説演繹の論理展開を教わるのだろうか？　現状では、大学の研究室で実際に研究を進めながら、指導する先生や先輩から教わるのが一般的である。しかし、そもそも研究は計画段階から仮説演繹の論理展開に沿った形で十分に練られておくべきものなのだから、これでは遅いのである。つまり、**仮説演繹の論理展開は卒論を始める前に習得すべきなのだ。しかし、困ったことに高校の授業や大学の講義でこれを学ぶ機会がないため、多くの人が科学研究を行い「ながら」仮説演繹を学ぶ、といういびつな順序で卒論を進めているのである。**

研究を通して先生から個別に学ぶスタイルでは、学生一人一人の間に習熟度のむらができがちである。仮説演繹の論理展開をしっかり習得できたのならばよいのであるが、さもないとどうなるだろうか？　先ほどから述べているように、仮説演繹の論理展開を理解しないまま研究を進めてしまうと、研究がうまくまとまらないという事態に発展しかねない。この本を手に取った人の中には、「論文が書けない。研究がまとまらない」と悲嘆に暮れている人もいるかもしれない。そういう人はわらにもすがる気持ちで論文の書き方に関する書物にヒントを求めるだろう。しかし、「論文が書けない。研究がまとめられない」理由を今一度考えてほしい。その理由は論文の書き方のような修辞技法にあるのではなく、もっと上流にある論理展開にあることのほうが多いのではないだろうか？

研究室での直接指導を除いて、仮説演繹を学びトレーニングする機会は非常に限られているのが現状である。そこで、論理展開に困っている人たちのお役に立てればと思い、科学の論理である仮説演繹の指南書として本書をしたためることにしたのである。

科学研究を行う上で必須である仮説演繹などの論理展開（科学の手順）をみなさんにお伝えし、現在もしくは将来、科学研究と論文作成をガイドすることが本書の狙いである。また、高校で科学部の顧問をされていたり、大学で研究・教育活動をされていたりする立場の人にも本書を学生指導に役立てていただければとも思っている。

本書の構成

本書は、基礎編・応用編・発展編の三編構成になっている。

基礎編では、ある特定の科学分野に特化することなく、どの分野にも通じる広い汎用性を意識しながら、本書で向き合っていく科学が何なのかを考える。そして、科学で用いる論理構成である仮説演繹を学ぶことに主眼を置く。**つまり、基礎編をマスターすれば、科学研究で一般的に用いられる仮説演繹の論理展開力が身につくことになる。**

応用編では、基礎編でも取り上げた「科学と何か？」についてより深く考えていく。

また、応用編以降は、生物学に焦点を合わせている。生物学に的を絞ったのには二つの理由がある。

一つは私が生物学者だからだ。私は二十年以上、生物学の一分野である生態学（生物と環境の間の関係を扱う学問）の研究を行ってきた。この間、論文もたくさん書いているし、なるのが結構難しい大学の先生にもなれている。言うならば、リアルガチ出来杉くんだ。大学の先生になって二十年くらいが経とうとしているが、この間の研究や学生の研究指導の経験を活かしながら本書を進めるためには、生物学を用いるのが都合がいい。

もちろん、本書で生物学を用いるのには別の理由もある。生物学には、「科学とは何か？」を考えるのに格好の題材が詰まっている点だ。例えば、「ダーウィンの進化理論」は高校生物の教科書にも紹介されており、人類史上最も優れた科学理論と称されることさえある一方で、科学ではないという相反する評価も受けている。**応用編では、進化理論を中心に生物学を見つめることで、「科学とは何か？」や「論理的とは何か？」について具体的に考えを深める。**

発展編では、基礎編で学んだ仮説演繹の科学（生物学）における使用例を紹介する。みなさんは基礎編で仮説演繹の論理展開や「仮説」「予言」「実証」といった言葉を学び、これらをしっかり理解しているはずだ。しかし、実際にみなさんが仮説演繹の論理展開で研究を進めるとき、困難にぶつかることもあろう。例えば、「仮説」や「予言」を自分の研究に当てはめたとき、いったい何がそれらにあたるのかわからなくなるかもしれない。そこで、**発展編では仮説演繹を用いた研究の具体例に触れることで、仮説演繹で科学研究を進める実践力を養成する。また、仮説演繹の初めの一**

歩である「仮説の作り方」から最後の一歩となる「予言の実証例」まで紹介している。もしあなたが既に研究を始めているのならば、自分の研究を意識し、それと対比しながら読んでもらえれば、理解がより一層深まることだろう。

さぁ、それではページを開き、科学研究の手順を学びにいこう。

目次

【応用編】

【発展編】

第１章
科学とは何か？

基礎編

第1章　科学とは何か？

◯身近であいまいな言葉、科学

1　身近であいまいな言葉、科学

科学研究で用いられる論理展開を学ぶ前に、まず科学が何なのか確認しておこう。科学という言葉は巷《ちまた》にあふれているのだからいまさら何をと思うかもしれないが、考察をすすめさせてほしい。

科学という言葉の知名度は抜群である。科学がどれくらい知れ渡った言葉か示すことに枚挙に暇がないのだが、その片鱗を少しだけ紹介しよう。毎年十月くらいになると世界的に最も権威がある科学の賞、ノーベル賞の話題がニュース番組などで取り上げられる。日本人が受賞したともなると連日報道され、世間はその話題でもちきりとなり、受賞者は時代の寵児となる。私も科学者の端くれなので「ノーベル賞、ほしいな」とは常々思っているのだけれども、そんなことは一度たりとも口に出したことはない。ただただ毎年、ノーベル賞受賞者をテレビで見ながら下唇を噛みしめ、「来年こそは！」と心に誓っているにすぎない。明言しないのはそれなりの理由があり、仮にそうした場合、よしんば私が受賞した際には「よかったねぇ、受賞できて。ずっとほしがってたもんねぇ」と世間から嘯《うそぶ》かれることが強く予想されるからだ。これの何が嫌なのかというと、私はそういう世間の評価よりもむしろ、「友達のオーディションについて来ただけなんですけれども、なぜか私のほうが選ばれちゃいました」というアイドルオーディションで選ばれたときのコメント的な、「自分的には、ノーベル賞は後から付いてくるもので、受賞よりもむしろ毎日科学に勤しむことが重要であって、受賞そのものっていうとあんまり興味ないんだけど、やっぱり私くらいになると、まわりがほっておいてくれなくてねぇ」という雰囲気を装いたいと思っているからである。

……それは置いておいて、科学の抜群の知名度を示す別の例として、学研教育総合研究所が二〇一六年九月に行った小学生の日常に関する調査をあげることができる。この調査によれば、小学生のなりたい職業として科学者・研究者が十四位にランクされていている。ここから、小学生も「科学」という言葉を知っており、あまつさえそれを生業《なりわい》にすることができることさえ知り、さらには「自分もそれになってみたいな」と科学と科学者に対して憧れやポジティブな評価を抱いていることをうかがい知れる。

このように、とても身近な科学という言葉だが、あらためて「科学って何だろう？」と尋ねられたとき明確に答えることができるだろうか？　理系の香りのぷんぷんする科学という言葉は、多くの人にとって「私たちの生活に重要な貢献をしてくれる何か素敵なもの」に違いないだろう。「本製品の効果は科学的に証明されています」と謳《うた》われると何となくすごい製品なのではないだろうかと思ってしまう。だけれども、その実科学は、「何だかうまく言い表せない、曖昧模糊としたもの」なのではないだろうか。

はたまた、ある人にとって科学とは「物理学・化学・生物学・地学といった理科の科目」であり、かつ「その教科書に書かれている知識」のことかもしれない。確かに「科学」という言葉にはそういう意味合いも含まれてはいる。科学を示す英語 science の語源はラテン語の Scientia だが、Scientia の意味は「知識」だ。ただ、実は

科学 ＝ 知識

ではない。というのも、**「科学」は「知識」という意味を超えたもっと広い意味をもつ言葉で、その「知識を生み出すある特別な過程」のことも指しているからだ。**そして、これこそが「科学」の重要な意味であり、本書が解説していく部分なのである。

科学がいかにして知識を創出していくかについては次章に任せるとして、もう少し「科学とは何か？」に探りを入れていこう。

科学が何を指すのかうまく言い表せないとしても、それを生業とする、ずばり「科学者」という人たちがいる。とすると、科学者に注目することで科学が何なのか考えることができるかもしれない。つまり、科学者がやっていることから科学が何であるか探るというやり方だ。それでは、科学

図 1-1　科学って……なんだっけ？

者は生業として何を行っているのだろうか？

2　科学者から考察する「科学」の意味

総務省がまとめた資料によると、二〇一四年には日本には科学者（この統計資料には科学者という生業はなく、代わりに研究者という言葉が使われている。本書では科学者を研究者と同義として進めていく）が六十八万三千人もいるらしい。プロ野球選手（学研教育総合研究所の調査ではなりたい職業ランキング六位）が千人程度しか登録されていないのに比べれば、かなりの数の科学者がいるわけだ。単純に数だけを比べれば、プロ野球選手になるよりも科学者になるほうがはるかにチャンスがありそうだ。

もちろん、詳しく見れば科学者たちの間で

行っている業務内容は、きっと科学者ごとに異なっていることだろう。例えば「お父さん」という言葉で人をくくることができるだろうが、その中にはいろんな「お父さん」がいるはずである。しかし、「お父さん」には「子どもの親」という共通項があるように、もしかすると科学者は彼らの行いを科学とするために、あまねく科学者に共通する「何か」があるのかもしれない。この共通項を探っていけば、「科学とは何か?」の答えに近づけそうだ。

その共通項を探すために、世間で一般的にイメージされている科学者について考察してみよう。そもそも、六十八万三千人もの科学者がいるのならば、みなさんの身近にも科学者が結構いるはずである。しかし、個人情報を積極的に守らなければさまざまなリスクを招きかねない現代社会では、聞かれてもいないのに「私、科学者です」とカミングアウトする人は少ないだろうし、会話の文脈とは関係なく、「私、科学者です」と吐露《とろ》しても、「で?」となるだろう。

では、たまたま会話がそういう方向に流れていって、例えば会話の流れの中で職業を聞かれた場合どうなるかというと、たとえそういった場合でも合法的な職についていることをうかがわせる程度でお茶を濁し、わざわざ科学者であることに言及しないことが多いのではないかと思う(これは科学者という職業に限ったことではないと思うが)。よしんば、「山田さんは科学者なんだって」と個人情報がだだ漏れしたとしても、そこから、科学者たる山田さんが生業として行っている業務内容について議論されることや、さらにその業務内容から「科学とは何か?」という議論に発展することはほとんどないのではないかと予想する。

つまり、科学者はみなさんの近くにいるはずなのだが、彼らは科学者という肩書きを隠しつつ生活しているため科学者がどこにいるのか見つけることさえ困難な状況であり、仮に見つかったとしても、そこから「科学って何すかねぇ？」といった会話にはまずならないがため、結局は「科学は何？」の答えは闇の中ということになる。

3　オーキド博士に見る科学者像

以上の考察から、世間一般に科学者の存在は確認・認知されているけれども、彼らの活動の実態はベールに包まれ謎であることがうかがい知れる。それならば、科学者集団は秘密結社みたいなものだと世間から思われているのだろうか？　そんな得体も知れないものになりたいと思う小学生が多数いるほど、彼らはギャンブラーなのだろうか？　決してそんなことはないだろう。漠然としながらも、世間一般の科学者のイメージはあるはずだ。そしてその典型は物語に登場する科学者に見ることができるだろう。ではここで、有名な科学者に登場してもらい、彼を分析することで世間一般の科学者のイメージを浮き彫りにさせていこう。

最近の大学生たちが子どものころによく遊んだゲームにポケモン（ポケットモンスター）がある。

ゲームの大ヒットと同時にアニメ化され、映画化され、コミックも出版された、ピカチュウが出てくるあのお話である。ポケモンには、主役ではないが、オーキド博士と呼ばれる科学者がときどき登場する。オーキド博士のポケモンにおける役割を考察することで、世間一般の科学者像を探ってみよう。

ほぼほぼ白衣を着て登場するオーキド博士は、科学を行う上で必須な仮説演繹の論理展開を教えてくれるわけではない。もしかすると教えているのかもしれないが、少なくとも劇中にそういった描写はない。オーキド博士が登場するときは往々にして「ポケモンの世界的権威」として紹介され、そしてこの紹介の後にオーキド博士に託された仕事は、このポケモンはこうした特性があるというたぐいの説明や紹介である。それを聞いた主人公たちは、（権威のある科学者が言うのだから間違いがないだろうという具合に）手放しにその説明を受け入れるのである。サトシ、いたいけなものである。

オーキド博士から考察する科学者像とは「権威をもち、人々に何かを説明する人」というところだろう。だとすると、この科学者像は「権威を盾に、自論を振りかざすもの」と言い換えることができるかもしれない。もし、科学者が本当に権威を盾に自論を振りかざすだけならば、「サトシ、まだオーキド博士の言うことなんか信じているの？　いいかげん、目を覚ませよ。彼は権威に守られているだけで、それ以外に何も根拠ないいんだぜ」ということにもなりかねない。

４　父、ウンコを拾う

オーキド博士の考察からかなり胡散《うさん》くさい科学者像にたどり着いてしまったが、もう少しだけ世間一般の科学者のイメージに関する考察を進めたい。先ほども書いたのだが、私も科学者である。自分自身を考察することでも、世間一般の科学者のイメージを考えることができるだろう。しかし、残念ながら私はノーベル賞をいただいていないし、ポケモンにも出ていないため、世間は私の存在にさえ気が付いていない。つまり、世間が私のことをどうみなしているか考察しても、「知らない」で終わりである。

しかし、私の家族は別である。家族でさえ私の存在に気が付いておらず、子どもたちが「前から気になっていたのだけど、ときどき家にいて、結構大きな顔しているおじさん、誰？」みたいな評価だとすると、本気で悲しい気持ちになってしまう。そこで、夕食後に宿題に取り掛かり始めた子どもたちを集めて、私の生業（＝科学）のことを私の最も近くにいる家族がどのように認識しているのか聞いてみることにした。

父（私のこと）：宿題の途中でお前たちに集まってもらって申し訳ないのだが、今日は二人に少し聞きたいことがあってね。あまり時間はかからないと思う。正直なことを聞かせてほしいのだけど、お父さんは毎朝六時半には家を出て、夕方七時くらいに帰ってくるよね。その間、どこで何をやっているか知っていますか？

上の娘（小学生六年生）：はい。お仕事に行っているんでしょ。

父　：そのことなんだけれども、本当に仕事に行っていると思ってるの？

上の娘：えっ……。も、もしかして、公園で鉄棒しているの？

父　：えっ？　いやっ。公園で鉄棒はしていない。ちゃんとお仕事しておる。ただ、意味のないことを意味がありげに尋ねたらどう反応するか興味があったから、ちょっとからかっただけだ。予想以上におもしろい答えが返ってきたから驚いているところだ。で、その仕事なんだが、具体的に何をしているか知っていますか？

下の娘（小学校一年生）：ウンコを拾う仕事！

父　：えっ？　私の仕事はウンコを拾う仕事なの？　で、誰のウンコを拾うの？

下の娘：そこら辺に落ちているウンコを拾う仕事！

父　：（ウンコはそこらへんに落ちていただろうか？　いや、むしろそういう仕事があるのだろうか？　あるとすると最近の小学校ではそういう仕事を一年生に紹介しているのだろうか？　もしかして、私が子どものころにはまだなかった「生活科」の履修内容なのだろうか？　しかし、そもそもウンコ拾いは生業になるのだろうか？　ウンコ拾って収入になるのならば、私が集めたウンコを購入するものがいるはずである。それならば、誰が、何の目的で私が集めたウンコ買うのだろうか？　いや、なにもウンコの価値は市場を通り、換金されるだけではないかもしれない。つまり、直接消費されるウンコの価値もあるかもしれないということだ。しかし、思い出す限りでは私はウンコを直接使用していない。と、思考が滞りそうになったとき、かつて娘たちに話した自分の業務内容を思い出した。

動物による植物の種子散布を研究するために、熱帯林内にある動物のウンコを手あたり次第に集めたという話をしたことがあった。家族を置き去りにしてまで異国に行き、そこでウンコを集めていたという事実は、彼女にとっては大変衝撃的な話で、深く記憶に刻まれてしまったのだろう）

たしかにウンコを拾うこともお父さんの業務に含まれることはあるんだけれども、お父さんはもっぱら「ウンコを拾うこと」を生業にしているわけではないのだよ。お姉ちゃんはお父さんの仕事の内容を知っているのかな？

上の娘：はい、知っています。植物の科学者をしているんでしょ。

父　：そう。それ！　わかってんじゃん！　で、その科学者ってどんな仕事だと思う。

下の娘：ウンコを拾うことー！

父　：……ウンコ拾いではないと思うよ。ほら、かの有名なオーキド博士はウンコ拾ってないよね。ウンコ拾いが科学者の仕事なら、オーキド博士は科学者失格になっちゃうよね。ちょっと、ウンコから離れてみようか。そのほうが視野がぐっと広がるよ。じゃあ、ちょっとお姉ちゃんの言うことを聞いてみようか。

上の娘：科学者の仕事かぁ？　それは、科学者のお父さんが決めることなんじゃないの。科学者のお父さんが科学と思ってやることが科学なんじゃない。

父　　：（小学六年生にしては予想以上にしっかりした答えだな。しっかり成長しているんだなぁ）なんだか的を射ているように聞こえる答えだね。たしかに科学者の私が、ウンコ拾いを科学だと言えば、ウンコ拾いも科学になるのかもしれない。でも、ただただ「これは科学だ」と言いながらウンコを拾うだけで、そのあと何もしないんだったら科学とは言えないんじゃないかな。どうすれば科学って言えるようになるのかな。

上の娘：それを含めて考えるのが科学者の仕事なんじゃないの。私は宿題をした後、お風呂に入らないといけないし、読みたい本もあって忙しいんだからもうこれくらいでいいかな。

父　　：なるほど。それは小学生の「仕事」かもしれないね。本当はもっと聞きたいことがあるのだけれども、お話を聞かせてもらえて助かった。おかげでいろいろなことがわかったよ。ありがとう。

図 1-2　科学者っぽい人が科学だと言えば科学になるわけではない

以上から、世間の科学者のイメージをまとめてみよう。オーキド博士は白衣を着ていることから何らかの実験をしている人であり、そして権威が与えられ、世の中で起こっていることや起ころうとしていることに対して説明を与える人といったところだろう。そして、私の子どもたちの意見から、科学者は自分の行いが科学かどうか自分自身で決めているというイメージがうかがい知れる。

もし科学者がこういったイメージのままならば、科学者にとってこんなに都合がいいことはない。**これでは、科学者が「これは科学だ！」と言明さえすれば、何でも権威のついた科学になってしまう。**しかし、もしこんなことを実際に科学者が行っているのならば、科学者の権威はすぐに剥ぎ取られてしまうことだろう。

科学者の権威は「科学者」という肩書から生じるのではない。それは科学の正しさから生じるのだ。つまり、科学者の言うことは正しいはずだから受け入れる価値がある、と世間から判断されているのだ。

さて、科学者の共通項探しに話を戻そう。科学者自身が最もこだわり、最も大切にしているのは、自説が独りよがりなものではなく、誰の目から見ても正しいものであるということである。では、どうすればそのお眼鏡にかなうことができるのだろうか？　この問題を歴代の科学者たちが考え続け、深めて行った末にたどり着いたのが、仮説演繹の論理展開である（「まえがき」を参照のこと。および、のちの第2章16節で詳しく説明する）。仮説演繹の論理展開を採用することで、科学者の行いと結論が誰の目から見ても正しいことが担保されるのだ。ということは、**科学者に共通する項は、「仮説演繹の論理展開で科学を進めること」になる。**

とすると、この仮説演繹の論理展開を知らなければ、科学の研究活動に大きな支障をきたしてしまう。仮説演繹の論理展開については第2章で詳しく学ぶことにして、その前に、仮説演繹の論理展開を踏んでいないがために科学になれなかった二つの例を紹介しよう。

○科学の壁：科学が何か理解しないまま研究を進めると、頓挫する

5　科学の壁

科学に携わる人以外が、「科学が何なのか」などと真剣に考える機会はほとんどないだろう。科学が何なのか答えが見つからなくとも日常生活は成り立つし、他にもたくさん考えなければならない個人的な、もしくは社会的な問題がたくさんある。加えて、「今日のお昼はどこで、何を食べようかしら」といった差し迫った問題もたくさんある。日常生活ではこうした問題のほうが優先度が高いはずだから、「科学とは何か？」の問題が真剣に問われる順番が巡ってくるなど、待てど暮らせど来ないのではないだろうか。こういっては失礼だが、「科学とは何か？」を真剣に考える人はよほどの暇人くらいだけのような気がする。

しかし往々にして、科学研究を行う必要に迫られた人、例えば、研究や課題をしなくてはいけない大学生は「科学とは何か？」と自問し、その答えを見つけるために悩んだりすることがあるだろう。これまで漠然なものとしてしか捉えてこなかった科学を自分で実際に行うわけだから、この悩みはある意味当然だ。このとき、**科学とは何であり、どのように進められているのか理解しないまま研究を進めてしまい（つまり、仮説演繹の論理展開を知らないままということ）、このために研究が**

頓挫してしまうことがある。私は、科学とはいったい何なのか答えが見つからず、壁にぶつかってしまうことを、「科学の壁」と呼んでいる。これから紹介するのが「科学の壁」に見事にぶち当たってしまった二人だ。

●科学になれないケース1　大学一年生の自由課題研究

私が勤める大学では一年生が自由研究に取り組むことになっている。この自由研究は学生が自発的に研究する課題を提案し、教員がそれに対してアドバイスをしながら進められるというものだ。その講義での一幕、学生が必死に考えてきた研究課題案に対して教員（私）がアドバイスをする場面である。

教員：さて、自由研究で取り組むべき課題は見つけられそうですか？
学生：（自信ありげに）私はテレビでシャボン玉アーティストに関する番組を見ました。その番組でシャボン玉アーティストは、自分の体を包むほど大きなシャボン玉を作っていました。大きなシャボン玉を作るためには、それだけ丈夫なシャボン玉を作らないといけません。私はこの課題で丈夫なシャボン玉を作るシャボン玉液を開発してみたいと思います。
教員：なるほどおもしろそうですね。では、どうやって進めるのですか？

学生：ありとあらゆる化学物質を混ぜ合わせて、シャボン玉液を試作し、その中でどれが一番丈夫か実験で確かめる、という方法で進めます。

教員：そのやり方だと混ぜ合わせる組み合わせが無限、とまでは言わないけれども、途方もない数になるから現実的ではないですよ。それにその方法は科学ではない。もう一度よく考えたほうがいいですね。

学生：先生、私はもうすでによく考えてここに来ました。先生がそう言うのならば、私は家庭に普通にある材料で丈夫なシャボン玉を作る液を作りたいと思っています。ですから、家庭にありそうな材料に絞って実験を進めます。

教員：確かに材料を絞れば組み合わせも少なくなる。実現可能性は上がるかもしれない。それに、試行錯誤は科学では重要な努力です。でも、ありとあらゆるものを混ぜ合わせ、そこから偶然に素敵なシャボン玉液ができることを期待するという方法は科学ではない。それでは錬金術ですよ。

学生：錬金術でいいじゃないですか。先生はときどき、「科学でない」と仰るけれども、それじゃあ、逆に聞きますが、科学って何なんですか！！　いったい何がダメなんですか？

普段の講義では、学生が自ら質問することや自分の意見を述べることさえほとんどない。ましてや、学生がこんなに素直に感情を表しながら意見をストレートに投げ込むなど皆無に等しい。このとき私はかなり驚いてしまったのだが、裏を返せばこの学生は「科学の壁」にぶつかり、それを乗り越えようと必死になっていると見受けることができる。

この学生は真剣に自由研究に取り組み、研究案をまとめてきたのだろう。だからこそ、実験も組み込まれたこの計画案はこの学生にとって自信作で、本人としては十分に科学的だといえるものだったのはずだ。にもかかわらず、自分の理解を超えたなんらかの理由で、「それは科学ではない」と拒絶されてしまったのだ。ショックだったのだろう。

それでは、この計画のどこがいけなかったのだろうか?

この例は「科学がどのように進められるのか?」の本質に迫る失敗である。つまり、この例は、実験さえすれば科学になれるわけではないことを示している。もちろん実験は科学では重要である。しかし、より重要なことは、実験を仮説演繹の論理の中で利用することなのである。この学生の計画は実験が組み込まれているものの、**仮説演繹の手順をまったく踏んでいないことが問題である。**仮説演繹の手順はのちの第2章16節で詳しく紹介し、この研究計画の論理的な欠点は、のちの第2章15節であらためて考えてみる。

●科学になれないケース２　卒業研究

私の勤める大学では卒業要件に卒業研究（いわゆる卒論）が課されている。つまり、卒論をまとめ上げられない限り卒業が認められないのである。卒論は、大学での学習の集大成として、これまで学んできた知識と技法を駆使し、自分で研究を実際に進める非常に重要な学習過程である。学生が数名ずつ研究室に所属し、研究室を主宰する教員の指導を受けながら卒論を進めている。私の研究室にはこれまでにたくさんの学生が配属されたのだが、彼らを指導してみると、苦もなく卒論を進められる学生もいる一方で、科学の壁にぶつかり、つまずいてしまう学生も現れる。

私の研究室では、卒論のテーマをできる限り自主的に決めてもらっている。学生たちが社会に出た後のことを予想すると、自分の興味のある業務内容を自分主導で進められることなどほとんどないのではないかと思ってしまう。業務内容は自分の興味よりむしろ、社会や組織の要請に従い決まっていくだろう。これは彼らがどんな職についたとしても当てはまるだろうし、事実、私にとっても当てはまっている。そう考えると卒論は、自分のやりたいことをまとまった時間を使って進める最初で最後のチャンスかもしれない。だからこそ、自分のやりたいテーマがある学生には、卒論でそれが行えるように最大限その希望を受け入れる方向で進めている。そんな卒論テーマに関するやり取りの一場面である。

教員：卒業研究のテーマは決められそうですか？
学生：森林における植物の成長について調べてみようと思っています。
教員：おもしろそうですね。具体的にはどんな内容になりそうですか。
学生：例えば、大学の隣にあるからから山に調査区を二つ作ります。そのうちの一つには毎朝必ず、「みんな頑張ってるね、きっと見事な森になれるよ」とやさしい言葉をかけます。片方には「どうせ君たちはこの実験が終わると同時に伐採されるんだ。どれだけ成長したって意味がないよ。成長したって無駄だよ」という冷たい言葉をかけます。この声掛けを半年くらい続けて、調査区の間に成長の差が出るかどうか確かめようと思っています。
教員：どういう結果になると予想してるのかな？　それにそうなる根拠があるのならば、それも教えてもらえるかな？
学生：たぶん、やさしい言葉をかけた調査区のほうがよい成長をするはずなんです。やさしい言葉を聞いた植物が、それに応えてよい成長を見せるというのが理屈です。逆に冷たい言葉をかけられた森は、ほとんど成長しないか、場合によっては枯れてしまうのではないかと予想します。そう考える根拠は、インターネットで見つけたこの記事にあります。

彼の手にはプリントアウトされたインターネットの記事が握られており、そこには、「やさしい

図 1-3　ん!?　これは科学としてアリなのか？

言葉をかけた植物は冷たい言葉をかけた植物よりよい成長をした。実験で確かめることができた」とだけ記されていた。

教員：うーん、たしかにここには、実験を行った結果、冷たい言葉をかけられた植物よりやさしい言葉をかけられた植物がよく成長をしたと書いてありますね。でもこれを根拠にするのは危険ではありませんか？　ここには、実験結果を再現するための情報がまったく書かれていませんよ。例えば、どういう条件で植物を育て、どういう言葉を、いつ、どういった頻度でかけたかとかいうことがまったく書かれていません。これでは実験結果が再現できるかどうか以前に、実験そのものが再現できません。それに、よい成長をしたと書いてありますが、それをどういった尺度で測定したかも示されていません。実験の記載としては不備があると思いませんか。

学生：確かにそうですね。では先生は、植物にやさしい声をかけると成長がよくなる実験から始めたほうがいいということを言っているのですね。

教員：いいえ、私はそうは言っていません。この研究計画を実行する根拠が崩れてしまったと言っているのです。例えばあなた自身が「驚くべき何かを観察した」とか、「あなたの経験からほぼ確実に起こっている」と言えることに対してならば、それを確かめる研究はありえると思います。しかし、あるかどうかもわからないし、そうなることが予想もできないことに対しては、あえてそれを確かめる実験を行う意味はないということです。実験結果を自由に予想して、予想通りになるかを確かめることでは科学にはなれないのです。新しい研究計画を考えるべきだと思います。

この例では学生は、何かしらの仮説を立て、その仮説から予言を導き、予言通りのことが観察されるか確かめる研究を提案をした。これは一見、仮説演繹の論理展開（「まえがき」を参照のこと。のちの第2章16節で詳しく説明する）となっており、科学的な感じがする。しかし残念なことに仮説の立て方に問題がある。**ある仮説を科学の対象とするためには、なぜその仮説に至ったのかとい**

う論理的な道筋を示すことも必要となる。仮説の立て方については、発展編・第5章で詳しく説明する。

この例からは、仮説演繹の論理展開において、予言が間違っていなかったことを保証する役割を担っている実験結果を、客観的に提示し解釈することも重要だということを学ぶことができる。仮説演繹の論理展開における実験や観察による実証の進め方については第2章22節から解説することにする。

○科学の「知識を生み出す過程」を理解しよう

6　科学とは何かを研究する：科学哲学

ここまで読んで、「科学とは何なのか?」とあらためて尋ねられると、答えることが難しいことをよくわかってもらえたことだろう。しかし、案外それは科学に携わっていない人だけがもつ特有の反応ではないのかもしれない。先ほど述べたとおり、日本には科学を生業としている人が六十三万三千人もいる。では、彼らに「科学とは何か?」と尋ねたらどうなるだろう?　もしかすると、明確に回答できない人がいるかもしれないし、彼らの答えが一つにまとまるかも疑わしい。

一九六五年にノーベル物理学賞を受賞した朝永振一郎博士も、ノーベル賞受賞後に「物理学とは何だろうか?」と自問するようになったと著している。科学とは何かなんて、簡単に答えられなくて当然なのかもしれない。

しかし科学とは何なのか簡単に答えられそうもないからといって、それについて答えを求めるのをやめることは間違っているだろう。そこで、「科学とは何か?」を生業として考える「科学哲学」と呼ばれる学問分野ができあがった。科学哲学者は「科学とは何か?」に答えることを究極の目的として研究を進めている。言い換えると、科学哲学者が行っていることは、科学の概念をより明確で正確にしていくことであり、科学の本質とは何なのかを明らかにすることである。

このように、言葉の概念を明確化し、本質を表すことを「解明的な定義を与える」という。ということはつまり、科学哲学者は科学に対して解明的な定義を与える仕事をしているのだ。ならば、科学哲学者の研究成果を見れば、「科学とは何か?」の答えなんて一目明瞭だと期待するだろう。しかし、彼らの研究成果を見ても科学とは何かを簡単に答えることは実は難しい。「群盲象を評す」の逸話のごとく、同じものを見ていても視点が異なれば違うように見えるように、科学とは何かに対する答えも考える立場により変わるからである。

科学哲学者の研究成果から科学が何なのか学ぶことは大変意味があるのだが、彼らの成果を網羅的に紹介することは、本書には少々荷が重い。そこで、科学の解明的な定義に興味がある人は巻末の参考文献リストに挙げられている科学哲学に関する本を読んで、各自で学習を進めてほしい。

7　科学を辞書で引いてみると

解明的な定義以外にも言葉の定義は存在する。例えば記述的な定義だ。記述的な定義とは言葉が社会の中でどのような意味で使用されているかを記録することを指す。本来、言葉と言葉がもつ意味は恣意的（「偶然による結果」というような意味）なつながりしかない。例えば、「イヌ」という単語を思い浮かべてほしい。イヌはワンワンと鳴くあの動物のことを指している。しかし、イヌという単語があの動物を意味しなければならない制約はない。イヌという単語が別のものや別のことを意味していてもよかったのだ。逆に、ワンワンと鳴くあの動物がイヌと呼ばれなければならない筋合いもない。日本語では、ワンワン鳴くあの動物のことをイヌと呼んでいるに過ぎない。イヌとワンワン鳴く動物の関係が恣意的なことは、アメリカに行けば同じ動物が dog と呼ばれることからも明らかだ。

言葉を用いたコミュニケーションを行うためには、言葉を使うもの同士の間で言葉とその意味の間のつながりの共通認識が必要となる。この共通認識（社会がどのような意味で言葉を使っているか）が、「記述的な定義」である。辞書に載っている言葉の意味が記述的な定義の最たる例となる。私は小学生以来、「わからない言葉があったら辞書を引きなさい」と耳にたこができるほど聞かされてきた。そういう私も今や人の親となり、子どもたちに同じことを言っている。本書で「科学とは何か？」という問いを投げかけたとき、たぶん多くの人が辞書を引いたのではないだろうか。

しかし、記述的な定義の利用には注意も必要である。そもそも社会でその言葉がどのように使用されているか記録するのが記述的な定義なのだから、その言葉の本来の意味でなくとも、その意味が本質に迫っていなくとも、たとえ本質的には誤っていても、社会がそのように使っていればそれが記述的な定義となる。

例えば、第3章以降に頻出する「進化」という言葉に注目してみよう。生物学者にとって進化は、「世代がたつにつれて生物の特性が変化すること」というダーウィン流の定義となる。これが本質的な「進化」の定義であり、それ以外はあり得ない。しかし、社会で進化という言葉が使われる場合は往々にしてこの定義とは異なっている。商品が進歩を伴う形で変化をしたとき、それを「進化」と称しているし、アスリートが新記録を出せるようになったりした場合も「進化」と呼ばれることもある。ピカチュウだって進化する。こうした意味での進化の使われ方は進化の本質的な意味からは遠く離れている。しかし、社会ではこうした意味で進化が使われているのだから、これも進化の記述的な定義の一つとなる。

広辞苑に現れる進化の記述的な定義を見てみよう。一九五五年に出版された広辞苑の第一版には、「進化」にはダーウィン流の定義しか現れない。この状態が長らく続くのであるが、一九九一年に出された第四版では「進化」に「進歩し発展すること」という意味がつけ加えられただけでなく、これがダーウィン流の定義を抑えて先に記述されるようになっている。社会が「進歩し発展すること」という意味で「進化」という言葉を一般的に使い始めたということである。しかし、たとえ一般的には「進歩し発展すること」が進化の記述的な定義だとしても、この意味は進化という言葉のもともとの意味、本質的な意味からは遠く離れているのである。記述的な定義には以上のように本質的には正しくないことがあるという注意すべき点がある。例えば、「生物」の大学入試で「進化とは何か？」と問われたとき、「進歩し発展すること」と解答すれば、×をもらうことになるだろう。

8　科学という言葉がもつ二面性

とはいえ、「科学とは何か？」を理解するためには、科学がどのように記述的に定義されているのか探るのも意味があるだろう。そこで、『広辞苑』と『アメリカの科学アカデミー（National Academy of Science)』による科学の記述的な定義を紹介しよう。

広辞苑では、科学を

「観察や実験など経験的手続きによって実証された法則的・体系的知識。また、個別の専門分野に分かれた学問の総称。物理学、化学、生物学などの自然科学が科学の典型であるとされるが、経済学・法学などの社会科学、心理学・言語学などの人間科学もある。狭義では自然科学と同義」

と記述している。

一方、アメリカの科学アカデミーにより二〇〇八年になされた科学の記述的な定義では

「自然現象に対して検証可能な説明や予想を立てるために証拠を用いること。およびこの過程で生じた知識」

と記述している。両者ともよくできた記述的な定義であり、ほとんどの科学者が科学の本質に迫っていると納得するものであろう。そこで、これら記述的な定義を受け入れて話を進めることにする。

さて、この二つには、科学という言葉がもつ二面性が共通して記されている。

一つ目の側面は、「知識を生み出す過程」であり、もう一つはこの過程で作られた「体系的知識（有機的なつながりをもった知識の集合という意味）」である。つまり、これらが一般的な科学の意味、すなわち「科学とは何か？」の答えというわけだ。本書では先に、

科学　＝　知識、だけではない

とした（第1章1節）。この考えでは「科学」のもつもう一つの意見である「知識を生み出す過程」のほうが完全に欠けているからだ。科学研究は知識を生み出す過程そのものなのだから、忘れられがちなこの意味を特に注意して覚えておこう。

そこで、第2章では「科学が知識を生み出す過程である科学研究とはいったい何なのか？」について解説していく。そこでは、科学の論理展開である仮説演繹と実験や観察による実証方法ついて説明を進めながら、どうすれば「法則的・体系的な知識が、観察や実験などの経験的手続きによって実証された」とか「検証可能な説明や予想を作るために証拠を使った」と言えるのかについて考えていく。……つまり、「この論文は論理がなっていない！」と指導教官や査読者に言われないですむ方法を教えよう。

第2章

どうやって科学する？

基礎編

第2章　どうやって科学する？

○科学で使う論理と手順：仮説演繹を使おう

1　探究的な研究スタイルとは？　～真理を探し、究《きわ》めること～

この章では科学が知識を生み出していく過程について学びながら、科学で使われる論理展開について理解を含めていく。

科学研究をするときに一番注意しないといけないことは、自説が誰の目から見ても正しいことだ。私たちは古くから、どうすればこの希望をかなえることができるのか問い続けた。そしてたどり着いたのが、これから紹介する仮説演繹とそれを用いた探究的な研究スタイルだ。

「探究的」とは、真理を探し、究《きわ》めることを指す。**科学者はこの仮説演繹とそれを用いた探究的な研究スタイルを最も論理的だと考えており、現在のほぼすべての科学研究が仮説演繹の論理展開で進められている。ということは、科学研究を行う上で最も重要なことは、仮説演繹の論理展開を身に付け、それ通りに論理を展開することだ！**

しかし、科学研究を行ったことがない人が、「ここはひとつ、探究的な研究スタイルで科学研究を！」と言われても、探究的な研究スタイルなど経験したどころか聞いたこともない人がほとんどなはずだから、「はて？」となるだろう。「はて？」となっても心配はいらない。だってあなたには私がいるし、あなたはこの本を手にしているのだから。さあ、これから仮説演繹を用いた探究的な研究スタイルについて理解を深めて行こう！　いや、私が深めさせてあげよう！

そもそも、探究的な研究スタイルと聞いてもピンと来ないのもそのはずで、例えば高校までのあなたにとって一番身近な科学であった理科の教科書は、探究的なスタイルではまとめられていない。化学の教科書には「化学の世界はこうなっている」とか、生物の教科書には「生物現象はこのように理解されている」といった、それぞれの科目の知識体系が記述的にまとめられている。高校生までの科学は往々にしてこれら教科書に書かれている知識体系を指すことだろうから、高校生が教科書に倣《なら》って「何でもいいから手当たり次第、観察や実験を行い、その結果を記述すること」が科学研究を進める方法だと勘違いしてしても致し方ないだろう。もちろん、科学では観察や実験を行いその結果を記述することが重要なことに間違いはない。それに私は、「観察や実験結果の記述が重要でない」といっているわけでもない。私がここで主張しているのは、観察や実験の結果を記述することが科学の目的ではなく、目的はあくまで真理の探究のほうにあるということだ。そして、観察や実験は真理を見つけ出す手段として利用されているということだ。繰り返すが、**観察や実験は科**

学の目的ではなく、あくまで手段だという位置づけを決して忘れてはならない。

ここまで読めば、科学には

① 科学研究で用いられる真理の発見のための探究的なスタイル

② （教科書に見られるような）発見された真理をまとめるための記述的なスタイル

の二つがあることをわかってもらえただろう。科学がもつスタイルの二面性は、第1章8節で紹介した科学の記述的定義における二面性――「知識を生み出す過程」と「この過程で作られた（体系的）知識」――と大きく関わっている。

体系的な知識は記述的にまとめるほうがわかりやすい。このため、教科書が記述的にまとめられているのは納得できる。もちろん、偉大な科学者たちがどんな論理を展開し、実験・観察を行い、教科書を彩るさまざまな科学的知識にたどり着いたのかを一つ一つ解説することでも科学知識を学べるだろう。それに、こういう教科書のほうが、一つ一つの真理の発見をプロジェクトX～挑戦者たち～的に学べそうでおもしろそうだ。しかし、教科書に記されている科学知識をいちいちこういうふうにまとめていったら、内容が膨大になりすぎて教える側も学ぶ側も大変だろう。科学知識だけを淡々と記述するほうが現実的だし学習効果も高いということだ。

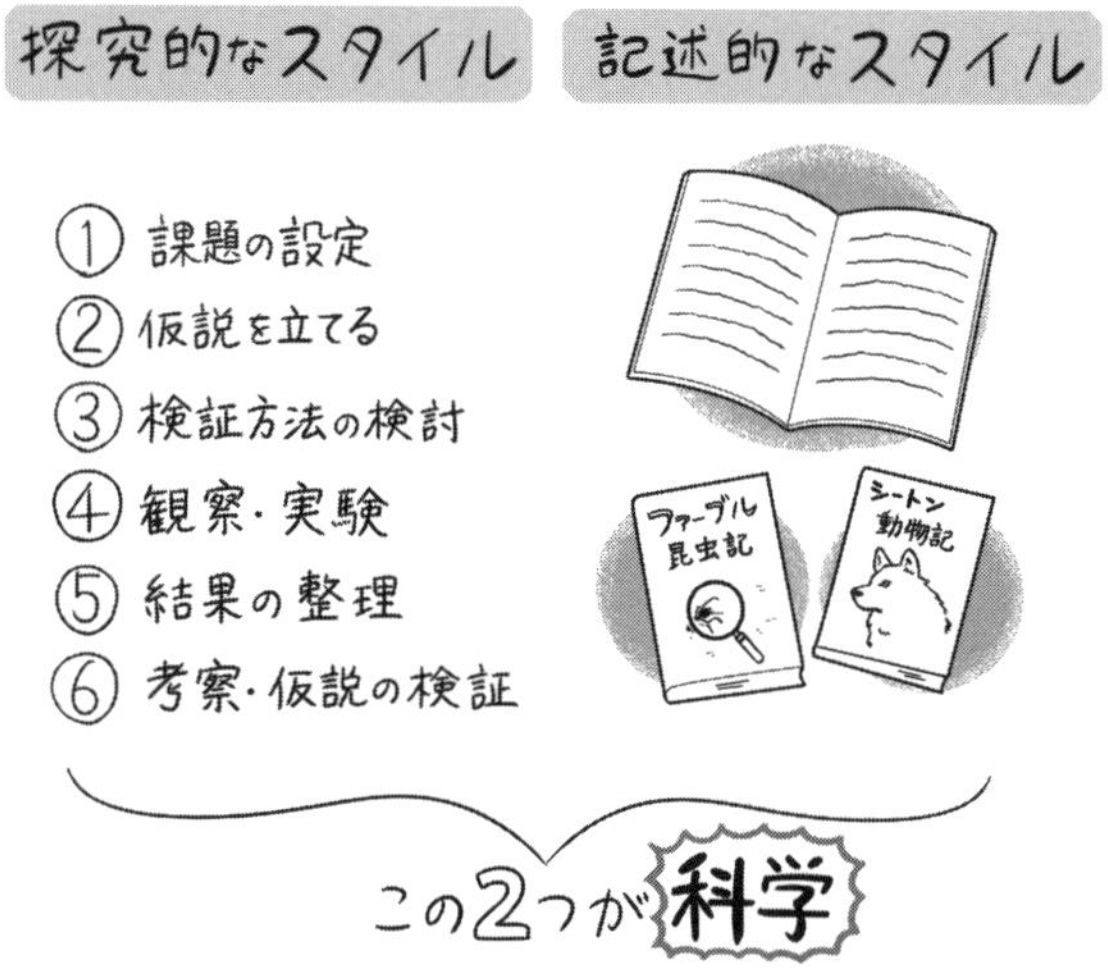

図 2-1　科学がもつスタイルの二面性

つまり、高校までは科学を学ぶ側であったため、教科書に記述された科学を用いるほうが便利であった。一方、科学研究を行い、真理の探究としての科学を目指すならば、仮説演繹を用いた探究的な研究スタイルで臨むこととなる。

2　高校生物にも現れる、「科学の探究」

先ほど私は高校の理科の教科書を引き合いに出し、高校までに学習した科学は記述的だと論じた。その舌の根が乾かぬままにこのように嘯《うそぶ》くのは申し訳ないのだが、高校の理科の教科書には探究的な研究スタイルについてもしっかり記述してある。例えば高校の生物基礎の教科書には、「探究活動の進め方」とか「探究活動の道筋」などの項目があり、探究的な研究スタイルの概要が記されている。その内容はどの教科書にも共通しており、おおむね次のようなものである。

①　課題の設定
②　仮説を立てる
③　検証方法の検討
④　観察・実験
⑤　結果の整理
⑥　考察・仮説の検証

この流れに見覚えがあるだろう。生物基礎の教科書では、仮説演繹が「探究的な研究スタイル」という言葉で説明されているだけなのだ。

「よかったね。意外に簡単に解決したね。これで探究的な研究の進め方がわかったね。それではみなさんはそれぞれ独自にがんばって探究的な研究を行ってください。以上。本を閉じて帰ってよし。……解散」と言われたら、あまりにも不親切です。大丈夫、そんなことはしない。みなさんは探究的な研究スタイルの流れを知っただけであり、まだこれをうまく使いきれないはずだ。ここからはさらに、その進め方について詳しく説明を加えていこう。

3　探究的な研究スタイルを採用する意味

とはいえ、探究的な研究の流れは先ほど書いた通りなので、器用な人はこの流れにしたがって研究を進めることができるかもしれない。乱暴な物言いをしてしまえば、「とりあえず高校の教科書に書いてあるから、『仮説』という言葉を使った『探究的な研究スタイル』とやらをやってみようか」とか、「指導する先生や先輩が口をそろえて『仮説』とか『検証』という言葉を使うから、とりあえずその言葉遊びにつきあってやろうか」とか、「みんなが『探究的な研究スタイル』とやらを使っているから、とりあえず私も使っておいたほうが安全そうだ」という理由での探究的な研究スタイルの採用である。

何事もそれを行う重要性や意味がわかって行うのと、よくわからないけれどもやれと言われたので（おざなりに）行うのでは大きな違いが出てこよう。研究を行う前に、やはり科学が探究的な研究スタイルで行われる意味を十分に理解しておくべきである。この点の解説を進めよう。

たぶん、今、みなさんの頭の中でもやっとしているのは、「どうして観察や実験結果を記述するだけの研究は科学になれなくて、探究的な研究スタイルで科学研究を行わないといけないのだろう

図 2-2　なんとなく、わかった気になっていないか？

か？」という根本的な疑問であろう。

これはとても重要な疑問である。この疑問に答えられるようになることが探究的な研究スタイルを行う重要性を理解することにつながるため、今からじっくり考えていくことにしよう。この先少し長くなるが、気長に読み進んで行ってほしい。

科学において探究的な研究方法が採用されている理由は非常に単純で明白である。科学では「誰の目から見ても正しいと認められること」が求められるからだ。**誰の目から見ても正しいと言うためには、論理の飛躍をなるべくしないようにし、観察や実験結果を利用しながら筋道を立てて結論に達する必要がある。**支離滅裂で矛盾だらけのことを主張してもそれが正しいと誰も同意してはくれないことを考えれば、当たり前のことだろう。今のところ、探究的な研究スタイル（＝仮説演繹）が、それのもつ強い論理性から、誰の目から見ても正しい結論に導いてくれる最も健全な科学の進め方だと信じられているのだ。

それでは次に、探究的な研究スタイルで用いられる論理展開を学びながら、「なぜ、そしてどのようにして探究的な研究スタイルが誰の目から見ても正しい結論に我々をいざなってくれるのか」について考察していこう。

4　論理的思考の重要性

どうすれば私たちは、実験や観察から、科学が求めている「誰の目から見ても正しい結論」を導くことができるのだろうか？　こういったときに役に立つのが「論理的な思考」だ。「論理」とは、ある人がたどり着いた結論を、誰もが納得できるように、その結論に達していない人に対して説明する方便を指す。言い換えると、前提となる事実から始まり、どういった理由を根拠に自分が主張する結論に達し、かつ、それ以外の結論には達することができないということを説明する技術である。「論理的」なんて聞くと小難しい響きがするが心配はいらない。練習さえすれば誰でも論理的になることはできる。

これから紹介する「推論」を用いれば、どんな問題に対しても、誰の目から見ても正しい結論に達することができる。そして、「推論」により矛盾なく達した結論ならば、いまだ結論に達していない人に対して、自分がなぜその結論に達したのかを容易に説明をすることができる。つまり、「推論」により結論に達していれば、なぜ自分がそう考えたのか？　なぜそう考えるべきなのか？　ということを明示することが容易なのだ。

さて、「推論」を紹介していく前に、論理的な思考の汎用性について少し考えておこう。本書は科学における論理的な思考に特化しているが、論理的に考えを進めなければならないのは、なにも科学者に限ったことではない。あまねくすべての人々だ。なぜならば、論理的な思考が社会の意思決定などの私たち生活のいたるところでなくてはならないものだからだ。

私たちの人生は選択の連続だ。どのテレビ番組を見るのか？　お昼に何を食べるのか？　あのセーターを買うか？　どの学校に入学するか？　どの企業に就職するか？　……そしてすべての人がよりよい選択をしたいと思っている。こんなときは「推論」を用いて選択すべき結論を導けばよい。ときには自分一人では決められない選択もあるだろう。あなたの選択が他の人に影響する場合は、周りを説得して自分の意思を認めてもらう必要がある。また、意見が対立してしまうことだってある。「私はカレーライスが食べたいのにもかかわらず、あなたは、ラーメンが食べたいですって！」というような対立から、憲法改定の賛否まで、さまざまなレベルの対立が起こる。こんなとき、論理的な議論ができなければ、「憲法は変えたほうがいいに決まっている」とか、「いや、変えないほうがいいんだ」といった、いわばイデオロギーのぶつかり合いで終わってしまう。往々にして根拠が薄弱な主張同士の対立の溝は埋まらない。一方、一貫して筋の通った説明とともに結論が紹介できれば、自分が、もしくは相手がなぜそう考えるのか、相互に理解することができるだろう。相互理解は意思対立解決の第一歩だ。

5　推論と命題

推論の話に戻ろう。実は、みなさんは推論を高校数学Ⅰでもうすでに履修しているはずだが、科学研究を進める上で極めて重要な考え方なので、おさらいしておこう。

推論とは、「いくつかの命題から、他の命題を導くことができる」という主張だ。「いくつかの命題」が前提、「他の命題」が結論と呼ばれる。

ここで言う命題とは、一つの判断または主張を表す文章を指し、そして、それが真（正しい）であるか、偽（誤っている）であるか判定できるものだ。例えば命題には次のようなものがある。

うちで飼っているちいちゃんはネコである。

ネコは四本足である。
生物の遺伝物質はＤＮＡである。

それぞれの文が何らかのことを主張し、それが真かどうか判定できる。
ところで、私のうちには二十年前にマレーシアで拾われてきたネコのちいちゃんがいる。マレーシアで路上生活をしていたちいちゃんは何の因果か私に拾われ、今は日本で生活しているのだ。私の目下最大の心配はお年寄りになったちいちゃん（二十歳のネコはずいぶんご年配だと思う）が、けがや病気をしたり、死んじゃったりしないかである。二十年も一緒にいるちいちゃんとの別れは想像するだけで泣けてくる。ちいちゃんは本書にときどき登場してもらうので、今後お見知りおきください。

6　科学に必要な「正しさ」と「新しさ」

ところで、ここまでは「正しくなければ科学になれない」と科学の正しさを強調してきた。しかし、正しいだけでは科学になれないのだ。**科学では正しいことに加えてもう一つ必要なことがある。それは、「今まで知られていない結論であること」だ。**例えばあなたが卒論発表会で「ネコはほ乳類だ！」

とか「地球は太陽の周りを回っている！」という結論を主張しても、そんなことは既にみんなが知っていることなのだから、聞いている人は「えっ？」となるだろう。科学では正しくて新しいことを同時に満たす結論を導き出さなければならないのだ！

科学では正しくて新しい結論を導き出すために、推論を用いる。科学で利用される推論は、「科学的推論」と呼ばれ、実際に利用されている「科学的推論」のほとんどが仮説演繹なのである。科学の世界で論理的になるには、仮説演繹の型さえ覚えて、これどおり考えを進めてしまえばいいので楽勝である。逆に、どんなに実験操作が上手であったとしても、仮説演繹の論理展開を身に着けていないと論理が破綻してしまうことがあるので注意が必要だ。

科学が仮説演繹を利用するのは、これが正しくて新しい結論を導いてくれる推論だからだ。これから、仮説演繹がいかにして正しくて新しい結論を導くのか解説していこう。次に説明するように、**仮説演繹は「演繹」と「帰納」をうまく組み合わせた推論である。**まず、高校数学Ⅰでも学んだ「演繹」と「帰納」の二つの推論についておさらいをしておこう。

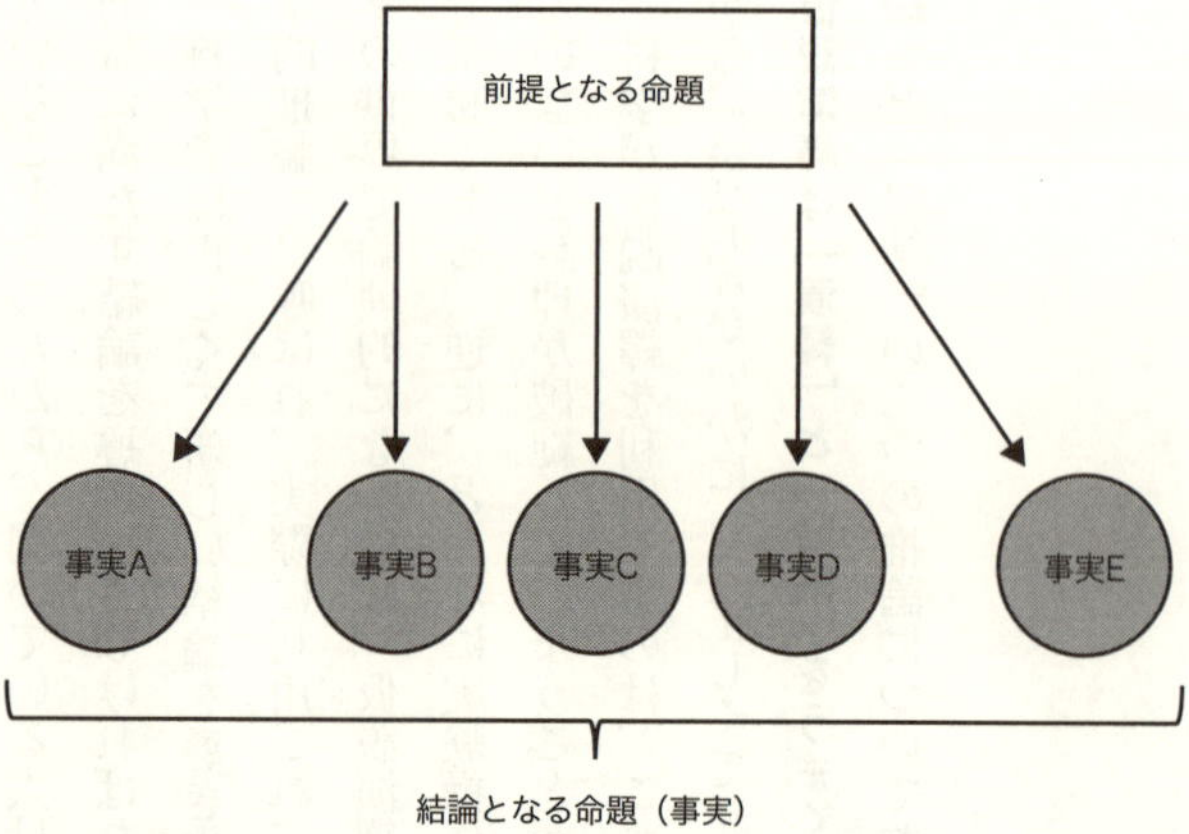

図2-3　演繹法の考え方

○仮説演繹のピース　①演繹

7　「正しさ」を保証する推論

演繹とは、「ある前提から論理的に結論を導き出す推論」のことである。科学では誰の目から見ても正しい結論を導き出さなければならないが、この「正しさ」を保障する推論が「論理的に妥当な演繹」だ（本書では**「妥当な演繹」**と呼ぶことにする）。「妥当な演繹」とは、「前提となる命題から何らかの結論となる命題が導かれるとき、前提が正しければ、必ず結論も正しいと認めなければならない推論」のことを指す。

「妥当な演繹」にはいくつかの型があることが知られており、例えば次の三段論法は「妥当な演繹」の一つの型である。

●例1

前提1　ネコ（A）は、ほ乳類である（B）　**AはB**
前提2　ちいちゃん（C）はネコ（A）である　**CはA**
結論　したがって、ちいちゃん（C）は、ほ乳類（B）である　**CはB**

この例を見れば明らかなように、**前提となる二つの命題が真ならば、結論の命題も必ず真になるという関係がある。これが「妥当な演繹」の真理保存性だ。**

「妥当な演繹」では真理保存性を担保するために論理の飛躍を完全に否定する。つまり、前提の命題に含まれている内容だけを正確に抽出し結論を導くのだ。この潔さが「妥当な演繹」の絶対的な確実性を保証してくれる。だが、この潔癖なまでに正しさを追い求める性質が、科学で使うときのネックとなる。この点についてはのちの第2章10節で紹介する。

8　仮説の反証

では、次の三段論法を見てみよう。

●例2

前提1　ネコ（A）はイヌが嫌いだ（B）　**AはB**
前提2　ちいちゃん（C）はネコ（A）である　**CはA**
結論　したがって、ちいちゃん（C）はイヌが嫌いだ（B）　**CはB**

さて、結論である「ちいちゃんはイヌが嫌いだ」に引っかかる読者もいるのではないだろうか？つまり、本当にネコのちいちゃんはイヌが嫌いなのだろうか？　という疑念だ。

この疑念は三段論法（妥当な演繹）に問題があるために生じたわけではない。この三段論法の形は、例1とまったく変わらない（例1と例2をよく見比べてほしい）。つまり例2も「妥当な演繹」で、前提と結論の間には前提が真ならば結論も真にならざるを得ないという確固とした論理的な関係が存在している。よって、論理的に考えても、結論に疑念の入り込む余地はない。にもかかわらず、この腑に落ちない感じ……。

実は、この腑に落ちない感じの出どころは、論理にあるのではなく、前提が間違っていることにある。前提1（ネコはイヌが嫌いだ）は、ほぼまちがいなく偽（誤っている）だ。確かにイヌが嫌いなネコがいることは事実だ。しかし、イヌをなんとも思わないネコやイヌが好きなネコだっているに違いない。現にネコのちいちゃんはイヌのペロと仲がよく、しょっちゅう一緒に昼寝をしている。

このように、「妥当な演繹」を用いて導き出され結論だとしても、結論が事実に合わない、つまり偽になることが起こりえる。この場合、つまり、結論の命題が経験的に偽であった場合は、前提が偽であったことの証明となる。例えば、ちいちゃんがイヌを大好きだった場合を考えよう。そして、前提2の「ちいちゃんがネコである」ことは、まぎれもない事実だったともする。このとき、残された前提1の「ネコはイヌが嫌いだ」が偽であることの証明になる。

妥当な演繹によってもたらされた結論が偽であると実証的に示すことを「反証する」と言う。例2の場合、ちいちゃんがイヌが好きだと示すことが反証になる。先にも述べたとおり、反証された場合、前提の命題が偽であることの証明となる。「妥当な演繹」のもつこの性質は、後に第2章19節で紹介するように仮説演繹で大活躍するので覚えておいてほしい。

9　妥当でない演繹と演繹の反例

勘のいい読者なら、「妥当な演繹」があるのならば、「妥当でない演繹」もあるのだろうと思いな

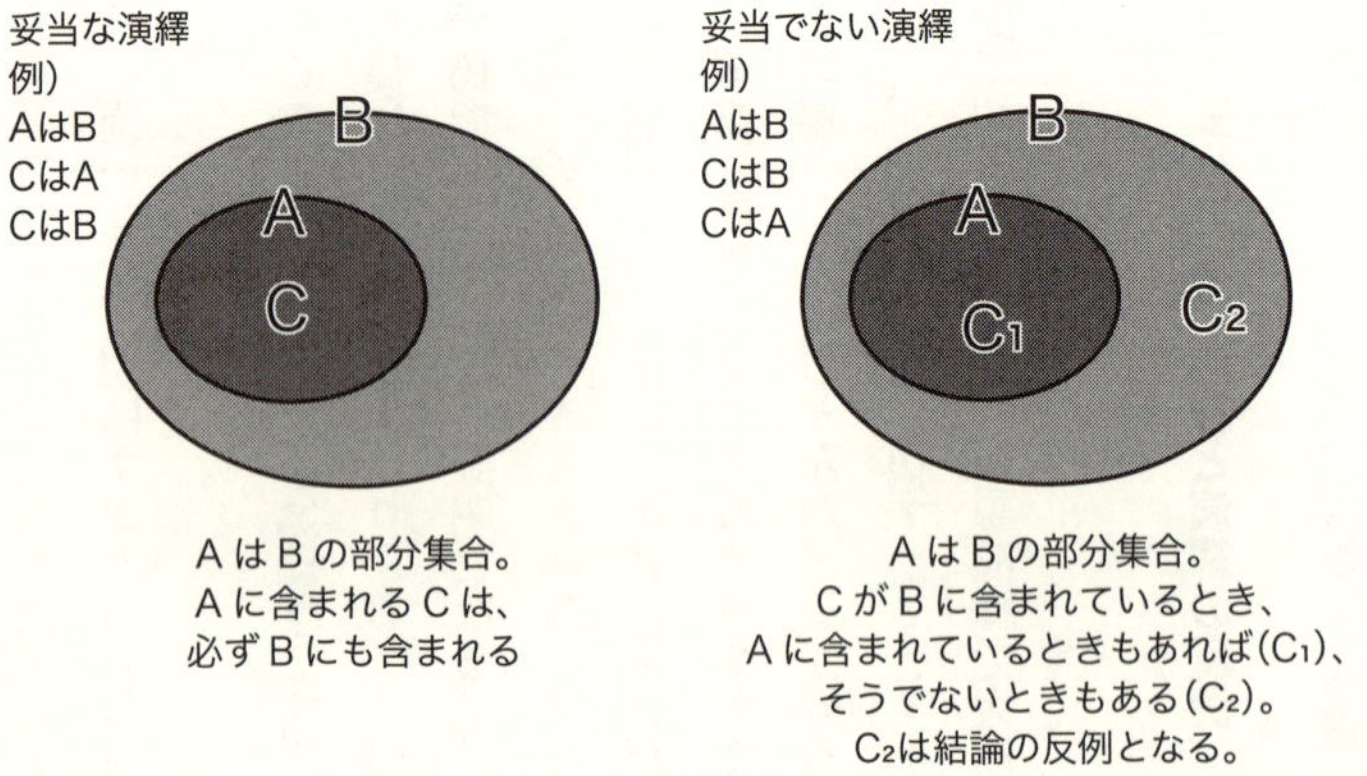
妥当な演繹
例）
AはB
CはA
CはB
B
A
C
AはBの部分集合。
Aに含まれるCは、
必ずBにも含まれる
妥当でない演繹
例）
AはB
CはB
CはA
B
A
C1
C2
AはBの部分集合。
CがBに含まれているとき、
Aに含まれているときもあれば(C1)、
そうでないときもある(C2)。
C2は結論の反例となる。

図2-4　妥当な演繹と、妥当でない演繹の結論と前提の関係

がら読み進めていたことだろう。あなたが予想した通り「妥当でない演繹（有効でない演繹）」も存在する。**「妥当でない演繹」とは、たとえ前提が真であっても、結論が必ずしも真にとはならない型の演繹を指す。**例えば、次の型が「妥当でない演繹」だ。

●例3

前提1　ネコ（A）は気分屋だ（B）　**AはB**
前提2　彼女（C）は気分屋だ（B）　**CはB**
結論　　したがって、彼女（C）はネコ（A）だ　**CはA**

この推論は例1や例2の型によく似ているが、ほんの少しだけ違っている（例1と例3を見比べて！）。
では、例3の推論の前提と結論の関係を吟味してみよう。例3では、前提の両方が真であったとしても、場合によっては結論が真にはならないことがある。確かに気分屋の彼女が偶然にもネコの場合もあるだろうが、必ずしも彼女がネコだとは限定できない。気分屋の生き物はネコ以外にもたくさんいるからだ。

ある演繹が「妥当な演繹」か「妥当でない演繹」かを判断するには、前提となる命題が必ず真であるにもかかわらず結論が真にならない例があるかどうかを確かめればよい。例3の場合、彼女が気分屋のイヌだった場合がこれにあたる。**前提が真にもかかわらず結論が真にならない例は「反例」と呼ばれ、反例のある演繹は「妥当でない演繹」となる。**

実を言うと、仮説演繹では「妥当でない演繹」を用いることがある。この場合は詭弁《きべん》（道理に合わない話という意味）に陥らないように、特に注意する必要がある。このことについてものちほど第2章20節でしっかり説明する。

10　科学における「妥当な演繹」の欠点

さて、正しい結論を必ず導いてくれる「妥当な演繹」だが、科学で用いるためには問題がある。科学では正しいだけでなく、新しいことを言わないといけなかった。「妥当な演繹」は正しさに対しては盤石だ。それでは新しさについてはどうだろうか？　そう、「妥当な演繹」はそこに問題がである。

「妥当な演繹」で導き出される結論は、真理保存性（正しさ）を確保するため、すでに前提に含まれているものに限定していた。つまり、「妥当な演繹」の結論は前提に既に含まれている「明示的には示されていなかった事実」にすぎないのである。例1で考えると、ネコがほ乳類であることもちいちゃんがネコであることもすでに前提を作った時点でわかっていた。結論は単にそれらを組み合わせただけで、前提には含まれていなかった新しい知識は結論にまったく含まれていない。科学では新しいことも言わないといけないというのに、「妥当な演繹」を使っていては新しい知識を増やすことは絶対にできないのだ。

それではどうすれば私たちは新しい知識を増やすことができるだろうか？　とても残念なお知らせなのだが、新しい知識を増やすためには、「妥当な演繹」は役に立たない。よって、「妥当な演繹」とは別の推論を用いることが必要となる。そして、この「新しい知識」を増やすという目的に用いられる推論が「帰納」と呼ばれるものだ。帰納を用いれば新しい知識は爆発的に増やすことができる。なお、これから紹介する帰納は、高校で習った数学的帰納法とはだいぶ様子が異なるので、そのつもりで読み進めてほしい。それでは次節で、帰納がどんな推論なのか探っていこう！

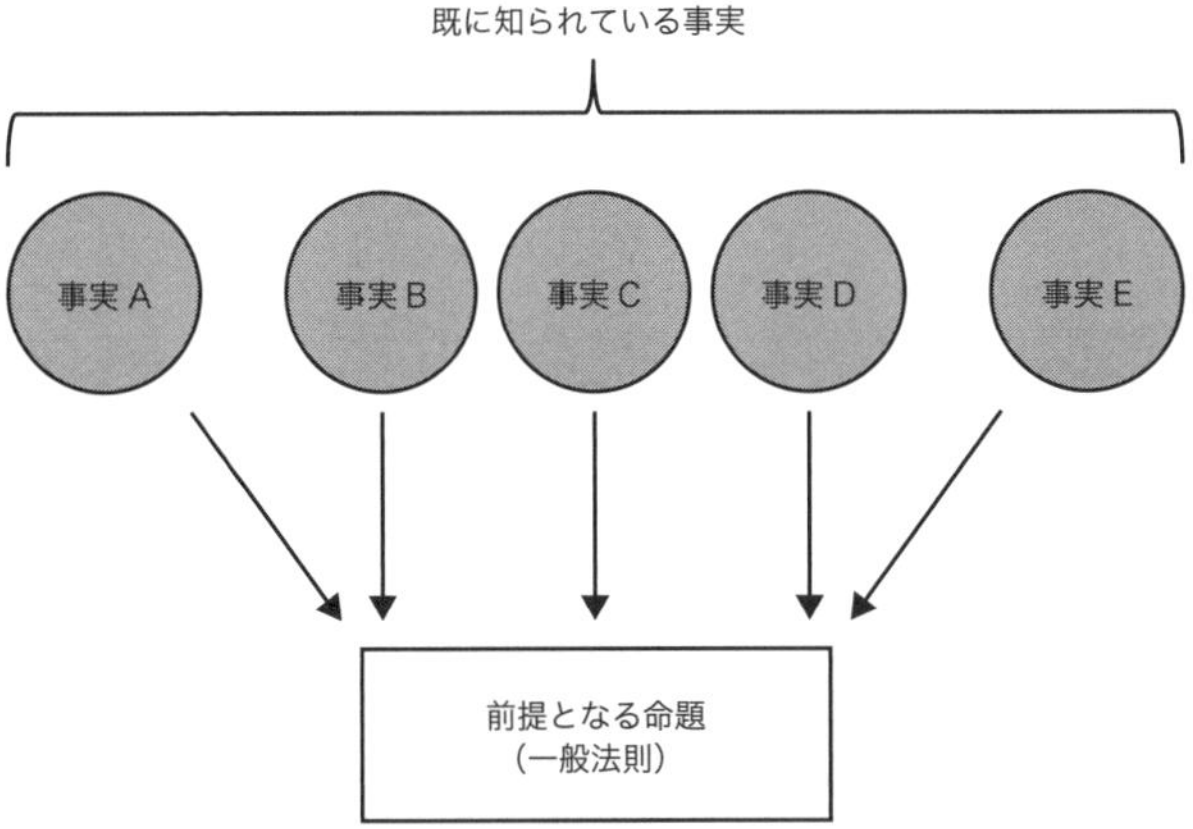

図2-5　帰納法の考え方

○仮説演繹のピース　②帰納

11　「新しさ」を導く推論

帰納とは、個々の具体的な事例から一般的な結論を導き出す推論だ。帰納ではすでに知られた事実（知識）を前提として、まだ知られていない「新しい」知識に関する結論を導く。帰納にはいくつもの推論が知られているが、本書ではその中で最も普通に、そして最も頻繁に用いられる**「枚挙的帰納法」**を紹介しよう。枚挙的帰納法では多くの事例を集め、それらに共通する性質から法則を導き出す。例えば枚挙的帰納法として、

●例4

前提　ネコのちいちゃんはほ乳類だ

前提　ネコのチャペリンちゃんはほ乳類だ
前提　ネコのポチやんはほ乳類だ
結論　したがって、ネコはほ乳類だ

がある。

次も枚挙的な帰納の例だ。私は、海外調査に行くと行動記録をとることにしている。これは調査中の出来事を細かく記録した日記のようなもので、読み返して見るとそのころの記憶がよみがえっておもしろい。先日、行動記録を読み直して愕然とした。パパイヤという南国の果物があるのだが、私はパパイヤを食べた日の次の日におなかを壊していたのだ。この行動記録から帰納をすると、

●例5

前提　○○年×月△日　昨日パパイヤを食べた。今日、おなかを壊した
前提　××年○月■日　昨日パパイヤを食べた。今日、おなかを壊した
前提　△△年×月○日　昨日パパイヤを食べた。今日、おなかを壊した
結論　したがって、私はパパイヤを食べるとおなかを壊す

となる。

枚挙的帰納法にはすべての例を徹底的に調べる完全帰納と、例4や例5のように、結論にまだ調べていないことまで含めて一般化する不完全帰納に分けることができる。

科学の世界では一般に完全帰納を行うことはありえない。例えば、世界中のすべてのネコがほ乳類かどうか調べて回ることなどできるわけがないのである。したがって、科学で帰納と言えばほぼ不完全帰納のことを指す。

さて、不完全帰納だがこれを用いれば新しい知識を爆発的に増やすことが可能になる。例えば例4の場合は、まだ調べていないネコのペルちゃんがほ乳類であることやネコのジャックちゃんがほ乳類であることまで結論は含んでいる。このように不完全帰納は、次々と新しい知識にいざなってくれる。

12　科学における帰納の欠点

それでは、科学が必要としている正しくて新しい結論を帰納が導いてくれるのだろうか？　実は、「妥当な演繹」と同じように帰納にも大きな欠点がある。それは、「結論の正しさ」だ。

もっとも、完全帰納を行っている限りは、すべてを調べているのだから真理保存性が保たれ、間違った結論は起こりえない。だが、逆を言えばすべてを調べ上げるわけだから、結論には新しい情報はまったく含まれない。完全帰納は「妥当な演繹」と同じく、正しいけれども新しさに欠けてしまうのである。高校で習った数学的帰納法による証明は完全帰納の一つだ。

では、調べたものから、調べていないものまで含めた一般化をする不完全帰納について考えてみよう。不完全帰納では、結論を導き出す一般化の過程に論理の飛躍が起こる。この論理の飛躍が新しい知識を莫大に増やすのであるが、同時に帰納の正しさを脅かしてしまうのだ。

例えば例5で達した結論に対して、違和感を覚えた人もいるかもしれない。確かに、行動記録によればパパイヤを食べた次の日はおなかを壊している。しかし、おなかを壊した本当の理由は、パパイヤではないかもしれない。もしかすると（記録にはもれているものの）パパイヤを食べたときに必ず一緒にマンゴーを食べていて、マンゴーのせいでおなかを壊しているのかもしれない。たまたまおなかを壊す日の前にパパイヤを食べていただけで、おなかを壊す原因とパパイヤはまったく関係ないかもしれないのだ。もしそうならば、結論（私はパパイヤを食べるとおなかを壊す）は偽ということになる。手持ちの知識からそれを一般化するときに論理の飛躍が起こり、誤った結論を導き出す可能性が排除できないのが帰納なのだ。

図 2-6　帰納は便利だが、いつも正しいとは限らない

13　あなたも日常で使っている帰納

「そんな言いがかりに似たことを指摘するのはよしてくれ」と思った人もいるかもしれない。意識して使っているかどうかは別として、帰納は私たちが日常生活の中で普通に用いている推論なのである。帰納を用いて生活しても問題は生じないし、それどころか逆に帰納を抜きにしては、私たちの生活の多くが成り立たない。

例えば、私が平日のお昼十二時に研究室の学生を「学食へお昼を食べに行こう！」と誘ったとしよう。「先生とはちょっと無理です」とか「いや、いーです」という感じで無碍《むげ》に断ることはないと思うが、きっと学生は「今はよしましょう。学食へはもう少し後に行ったほうがいいですよ。今は学食の外まで学生の行列が続いているはずです」と助言してくれるはずだ。

　ではなぜ学生は、学食まで行列のでき具合を確認しに行ったわけでもないのに、学食の外まで行列ができていると予想しえたのであろうか？　これこそが日常に私たちが何気に用いている帰納なのだ！　学生がそう予想した根拠は、彼らが四年生になるまでずっと毎日、平日のお昼はいつも学食の外まで行列ができ続けているという経験にある。そしてこの経験から「平日の十二時は、学食に行列ができていて当然だ」と一般化し、「今日も行列ができている」と予想したのだ。そして、たぶん学生のこの結論は当たっているだろう。このように、帰納により導き出される結論は一見、正しそうに見える推論だ。

　しかし、私たちはこれまた経験的に帰納が誤った結論を導くことも知っている。「だろう運転（楽観的な予測に基づいた車の運転を指す）」をご存じだろうか？　だろう運転が危険なことは当たり前だ。しかし、「だろう運転撲滅スローガン」が掲げられるくらいだから、きっとだろう運転をする人が後を絶たないのだろう。それではなぜ私たちは危険なことが自明なだろう運転をしてしまうのか？　それは、運転を行う人がそれまでの経験に基づき、例えば「この交差点ではこれまで一度だって対向車が右折することはなかった。今回も対向車は右折しないだろう」といったたぐいの帰納を行ってしまうからだ。帰納による一般化はときとして失敗する。今までは一度だって右折車が現れなかった交差点でも、今回に限っては右折車が現れることだって起こりえるのだ。そして往々にして車の場合、帰納による一般化の失敗は重大な結果を引き起こしがちだ。

14　帰納は科学で使えない!?

正しさをモットーとする科学が、正しさに問題がある帰納を用いるわけにはいかない。つまり、現在の科学は帰納だけによって進められないことになっている。ただし、この結論に達するまで紆余曲折があったのも事実である。

帰納は新しい知識を爆発的に増やしてくれるのだから、こんなに便利な推論はない。多くの科学者が帰納を科学で使い続けたいと思い、帰納を科学で使わないという判定に激しく抵抗したのだ。科学者たちはなんとかして、帰納が論理的に問題ない推論であることを示し、帰納を科学で使い続けようとあがいたのだ。しかし、この試みはことごとく失敗したのである。

例えば、「科学では帰納はそれまで多くの成果を残している。一方で、論理的な大きな問題などなかった。だからこれからも帰納を使うことには問題はない」と主張した人がいる。「今まで問題がなかったのだから、これからも使っても問題がない」という論理である。

しかし、論理的に考えればこの主張を認めるわけにはいかない。この主張では、帰納を正当化するために帰納が用いられていることに気がついただろうか？　この論理展開は、今までの帰納の成功例を枚挙し、「だから帰納しても大丈夫だ」という一般化をしている。成功例を列挙するという論理展開はまさに帰納だ。これでは、論理的に正しいことが疑問視されている帰納を擁護するために、帰納を用いていることになり、正確かどうかわからない温度計の正しさを、やはり正確かどうかわからない別の温度計を用いて確かめているようなものである。

15 自然の斉一性の原理による帰納の擁護も失敗

「かぁー。悔しい。ぜひとも科学でも帰納を使いたい」という気持ちが一向に消えないので別の方法で帰納の擁護をした科学者もいる。例えば、「自然の斉一性の原理」による帰納の論理的な正当化がこれにあたる。「自然の斉一性」とは、古くはジェームス　ハットン（Hutton, J.）が提唱し、後にチャールズ　ライエル（Lyell, C.）が展開した自然の見立てである。自然には秩序があり、それは過去から現在、そして未来永劫続いていくという考えが自然の斉一性で、かのダーウィンの進化理論にも影響を与えたという優れものだ。

自然の斉一性の原理では、「過去に起こったことは、現在起こっていることから類推することができ」、「将来起こるだろうことも、現在起こっていることが繰り返されることだろう」と考える。例えば、エルニーニョというペルー沖の海水温が数年に一度の割合で上昇する現象が知られている。

これまでのエルニーニョの年には日本は冷夏になってきた。そこで、「理由はわからないけれども（そうなる理由を問わないことが自然の斉一性の原理の考え）、今まで観察してきたエルニーニョの年は日本は冷夏になってきた。だから、将来起こるエルニーニョの年には日本は冷夏になるだろうし、千年前にあったエルニーニョの年にも日本は冷夏だった」と考えるのが自然の斉一性の原理だ。

なぜだか理由はよくわからないけれども、この世界には「自然の斉一性の原理」が存在していると考えることにする。そうすると、帰納により導き出される結論が正しくなる根本原因として自然の斉一性の原理を利用できることができる。つまり、帰納を用いても問題がない理由に、「世の中はそういうふうにできているからだ」と考えるのである。

なるほど、「自然の斉一性の原理」による帰納の論理的な正当化はよく練られたアイデアに見える。世界はそのようになっていると言われれば、それに従うしかない。しかし、「自然の斉一性の原理」にも次のような欠点があり、帰納を論理的に正当化することはできない。

そもそも自然の斉一性の原理は「妥当な演繹」から導き出された法則ではない。では、なぜそうなる理由がよくわかっていないにもかかわらず「自然の斉一性の原理がある」と考えたのだろうか？その根拠は自然（現象）の観察だ。つまり、「自然の斉一性の原理」は、先ほどのエルニーニョの例のように自然の観察から経験的に導かれた結論であり、自然の観察を一般化した法則なのである。

ということは、自然の斉一性の原理が正しいという根拠自体も帰納にある。結局は、自然の斉一性の原理による帰納の正当化自体も、帰納の論理性を正当化するために帰納を用いているという論理展開になっているのだ。

この論理展開は「論点先取」になっていると言われる。論点先取とは、前提を認めさえすれば結論を認めることができるのだが、前提を認めるためにはあらかじめ結論を認めなければならないという論の立て方を指し、誤謬《ごびゅう》（論証が妥当ではないという意味）である。それでは帰納と自然の斉一性の原理がどのような関係になっているのか次の問答を用いて考察してみよう。

どうして帰納が正しいのか？
なぜなら、自然の斉一性の原理が「正しさ」を保証するから
じゃあ、どうして自然の斉一性の原理が正しいのか？
なぜなら、帰納が「正しさ」を保証するから

このように、お互いが正しさの理由になっているのだから、正しさの根拠にはなりえないのである。なお、先ほどの「科学では帰納はそれまで多くの成果を残している。一方で、論理的な大きな問題などなかった。だからこれからも帰納を使うことには問題はない」という主張も、論点先取で

ある。

こうした議論を経て、**科学を帰納だけで進めてはならないという考えが科学に根付いていくことになった。**科学は演繹だけでなく、帰納まで失ったのである。

ところで、第1章5節で紹介したケース1の、ある大学一年生の自由課題研究が科学になれない例を思い出してみよう。ケース1では、この学生の研究が科学になれない理由を「仮説演繹になっていないからだ」と論じたのであるが、もっと突っ込んで言及すると、帰納を用いて科学研究を進めている点にあるのだ。つまり、この学生は手当たり次第に実験するという方法を提案した。このように手あたり次第に実験を重ね、その結果を記載していくことには科学的な意味があるように見える。しかし、「多くの実験から一般法則を導き出す」という方法は帰納そのものなのである。その上での私から学生へのコメントが、「(帰納のみを用いて進めようとする)あなたの研究は、科学ではない」だったのである。

○仮説演繹の手順：妥当な演繹から「予言」を導き出せ！

16 仮説演繹の流れ

「科学的推論により誰の目にも正しく、かつ新しい知識を導くことができる」と前ふりをしておきながら意外に早く行き詰ってしまった。妥当な演繹は正しい知識を導けるのだが、新しい知識を増やせない。一方、帰納は新しい知識を爆発的に増やせるがその正しさに問題がある。結局、私たちは論理的に科学を進めることはできないのだろうか？　いや、安心してほしい。私たちは新しく、かつ正しい結論を導く科学的推論の方法を編み出している。妥当な演繹と帰納のいいところを組み合わせ、新しい科学的推論を作ったのだ！　現在の科学の進め方でもっとも一般的な探究的な研究スタイルで用いているのが、この新しい科学的推論「仮説演繹」だ。かなりお待たせしてしまって申し訳なかったが、それではいよいよ仮説演繹がどんなものか紹介してゆこう。

まずは仮説演繹の流れを概観してみる。

① 取り組むべき課題や現象を明示する。これがなければ科学は始まらない。

② 次に、この課題や現象をうまく説明できる考えを作る。とはいえ、おいそれとそんな考えが

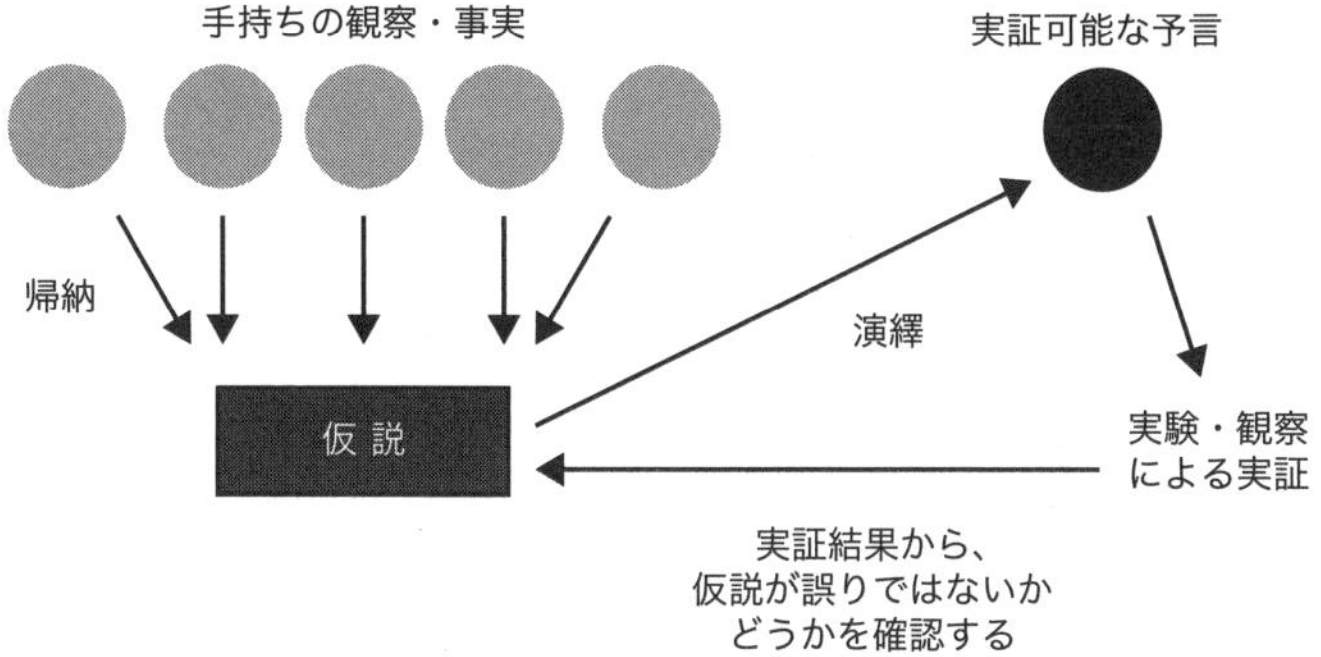

図 2-7　仮説演繹の考え方

頭に浮かぶわけがないので、手持ちのデータや観察を用いてきっとこれでうまく説明できるというものをとりあえず作る。手持ちのデータからもっともらしい説を導くわけだから、この過程は帰納である。先ほど確認した通り、帰納による結論は正しいかどうか定かではない。そこで、こうして作られた考えのことを真偽のほどが明らかではない仮の説、「仮説」と呼ぶことにする。この「仮説」自体は往々にして、本質的にも技術的にも我々が直接、実験や観察で確かめられるものではない。③仮説そのものの正しさは実証することができない。そこで、仮説の正しさを確かめるなんらかの観測可能な手段が必要となる。この手段を手に入れるために、仮説を前提として「妥当な演繹」を行い、観測可能な新しい命題を導き出す。この新しい命題は、「妥当な演繹」から導かれた結論だから真理保存性がある。つまり、仮説が真ならば観測可能な命題も必ず真となる。この「妥当な演繹」の結論として導き出された命題は「予言」と呼ばれている。

④　実際に予言の真偽を観察・実験を用いて確かめる。

⑤⑥　そして、予言の真偽から仮説の真偽を判定する。観察や実験により、「予言」が真であった場合どうやら仮説は正しい（らしい）と結論付ける。逆に観察や実験で「予言」が偽であった場合、仮説が偽であったと考える。

ん？　この仮説演繹の流れはどこかで見たのではないだろうか？　そうだ！　これは、高校の生物基礎の教科書に紹介されていた探究的な研究スタイルの流れと同じなのである（○内の数字は第2章2節で紹介した「高校生物：科学の探究で示した探究的な研究方法」の流れに合わせてある）。探究的な研究スタイルとは、科学的推論の一つであり、正しくかつ新しい結論を導き出す仮説演繹の流れそのものだったのだ。

では、仮説演繹法における帰納と演繹の役割をもう一度おさらいしておこう。

仮説演繹では、まず帰納により新しい知識として仮説を導出する。ここでは新しい知識を生み出すという帰納の利点を利用しているが、この仮説には帰納の欠点である正しさの担保ができていない。つまり、仮説は新しいのではあるものの正しさに欠けている。

そこで、**次は妥当な演繹を用いて仮説から実証可能な予言を導き出す。**予言は、仮説が真ならば必ず真となる真理保存性が効いている。**最後に、観察・実験により予言の真偽を実証し、予言の真偽から仮説の真偽を検証するのである。**

17　仮説演繹の具体例：スノウのコレラの封じ込み

仮説演繹の流れを確認したが、漠然としていて少しわかりにくかったかもしれない。そこで、仮説演繹の理解を深めるために具体例を見てみよう。

今から紹介するのは一八五四年にロンドンで起こったお話である。この年の夏にロンドンでは深刻なコレラの流行が起こり、多くの犠牲者が出た。コレラといえば、コレラ菌に汚染された水もしくは食物を摂取することで経口感染する伝染病である。しかし、当時の人々はまだコレラ菌の経口感染による伝播という事実を知らなかった。当時はコレラのような伝染病は、空気中にある目に見えない毒気あるいは病の「気」が原因するというのが一般的な考え方だったのだ。これではコレラを含めて伝染病への対策を打ち出すことは難しかっただろう。そんな時代もあったのだ。

一八五四年にコレラの大流行がロンドンで発生するまでに、イギリスの医師ジョン　スノウ（Snow, J.）は独自の調査結果を用いた帰納により、「コレラは飲料水に広がる危険物質を摂取することで感染する」というコレラの原因に対する新しい説を思いついていた。しかし、その当時の人々は、危険物質を直接観察する術をもっていなかった。今となっては危険物質がコレラ菌であることがわかっているが、彼らには小さすぎてコレラ菌は見られなかったのである。コレラ菌がロベルトコッホ（Koch, R.）により発見されたのも一八八四年になってからで、この大流行の三十年もあとのことだ。だから、スノウの仮説は当時の人々にとって真偽を直接確かめることができないものであった。もしスノウが新しい説を唱えただけで、そのあと何もしないでいたら、それまでの「空気中の毒気」が「水の中の危険因子」に言い換えられただけで、科学的には何の前進もない。

ここで終わらなかったのがスノウのすごいところである。彼は、どうすれば水の中に（目に見えない）危険因子があることを証明でき、コレラの流行を食い止められるか考えた。最も簡単な方法は水を飲まないという方法だ。「コレラは飲料水に広がる危険物質を摂取することで感染する」という仮説が正しければ、水を飲まなければコレラにかかることはない。しかし、水は空気と同じで、まったく採取しなければ、それが原因で人は死んでしまう。このやり方では仮説が正しかったとしてもコレラ対策にはなりえない。そこで、スノウはロンドン中のすべての水が危険因子で汚染されているわけではなく、ある特定の水源だけが汚染されているのではないかと考えた。もしこの考えが正しければ、コレラの危険因子に汚染された水源を封鎖することでコレラの流行を止められるはずである。

そこで、スノウはコレラがロンドンのどこで発生したか詳細な調査を行った。この調査によれば、彼の予想通りコレラの流行はロンドン中で起こっているわけではなく、ある特定の地域（聖ジェームス教区）に集中し、その中でも特にブロードストリートを中心に局所的に発生していることがわかった。そこで、彼はさらに調査を進め、コレラの危険因子に汚染されコレラの発生源としてもっとも疑わしい水源（井戸）を特定した。そして彼は、「コレラの発生源としてもっとも疑わしいこの井戸の使用を禁止すれば、コレラのまん延を止められる」と予言した。この井戸の使用禁止はコレラのまん延防止策だけでなく、スノウの仮説の真偽を確かめる壮大な実証実験でもあったのだ。スノウはさまざまな関係機関に働きかけ、問題の井戸の使用禁止は実現した。そしてその結果、コレラのまん延が急速に止まることになった。

つまり、スノウの予言は真だったのだ。スノウはこのやり方で、ロンドンでのコレラの大流行を封じ込めただけでなく、水の中にコレラの危険因子があり、それを経口採取することでコレラが伝播するという仮説の正しさを示すことに成功した。以上がスノウによるコレラの危険因子に関する仮説演繹の使用例だ。

●スノウが行った、コレラの感染に対する仮説演繹の例

仮説：コレラは飲料水に広がる危険因子を摂取することで感染する（この危険因子とはコレラ

菌を指すが、当時の科学技術では直接コレラ菌を観察できない)。

予言：コレラの危険因子に汚染された水源を封鎖することでコレラの流行を止められる(直接検証できる)。

実証：コレラの危険因子に汚染され、コレラの発生源としてもっとも疑わしい水源(井戸)を閉鎖する

実験の結果：コレラのまん延が急速に止まった

結論：「コレラは飲料水に広がる危険因子を摂取することで感染する」説は、少なくとも間違っているとは言えない。

18 予言の真偽と仮説の真偽の関係

実はこの件に関してスノウのさらなる思慮深さを示す記録がある。予言通りの結果が得られたときのスノウの冷静な判断だ。スノウは予言が真であったとしても、仮説が真であったと性急に言い切るのは危険だとも考えた。つまり、たとえ仮説が偽であったとしても、仮説以外の要因により奇しくも予言の正しさがもたらされてしまうことがありえることを指摘したのだ。その可能性として考えられるのは、

1. 井戸の使用禁止を行うころには、コレラが大流行するブロードストリート周辺から人々が逃げ出し、局所的な人口減少起こっていた。この人口減少によりコレラの伝播がしにくい状況が作られ、コレラのまん延が止まった。

2. 井戸の使用を禁止した時期と時を同じくして、何らかの原因不明の理由でコレラの伝播がしにくくなった。

などがあるという。

スノウは賢明だ。予言が真であったことを根拠に仮説が真であると思い込み、他の可能性を排除してしまった場合、よしんば仮説が偽で本当のコレラ伝播の原因が水の中の危険因子以外にあったとしたらどうなろうか？　本来取るべき対応が遅れることになろう。こうしたリスクを避けるべきことも、スノウはちゃんと主張したのだ。

19　仮説を検証する　①予言が偽であった場合

予言の真偽から、仮説の真偽を検討する過程をもう一度よく考察してみよう。ここからは予言が偽であったときと真であったときで場合分けをして考える。まず簡単なのは、実験・観察の結果が予言とは異なっていた場合（つまり予言が偽であった時）だ。このときの仮説の取り扱いは単純である。この場合の推論は、

前提1　仮説が真ならば予言は真
前提2　予言が偽
結論　したがって仮説は偽である

となる。

この推論の型には反例がない「妥当な演繹」になっていて、前提が正しいのならば結論も必ず正しいという真理保存性がある。だから、予言が偽であることが判明した場合は、直ちに「仮説は偽であった」と明言することができる。すなわち予言が偽であることは、仮説が偽であることの証拠となるのだ。仮説が偽である証拠を示すことを「仮説が反証された」と表現する。これが第2章8節で触れた「反証」の仮説演繹における利用法だ。

スノウの例で考えてみよう。現実とは異なるので注意してほしいが、仮にコレラの危険因子に汚染された水源を封鎖してもコレラの流行を止められなかったとしよう。この場合は予言が偽である

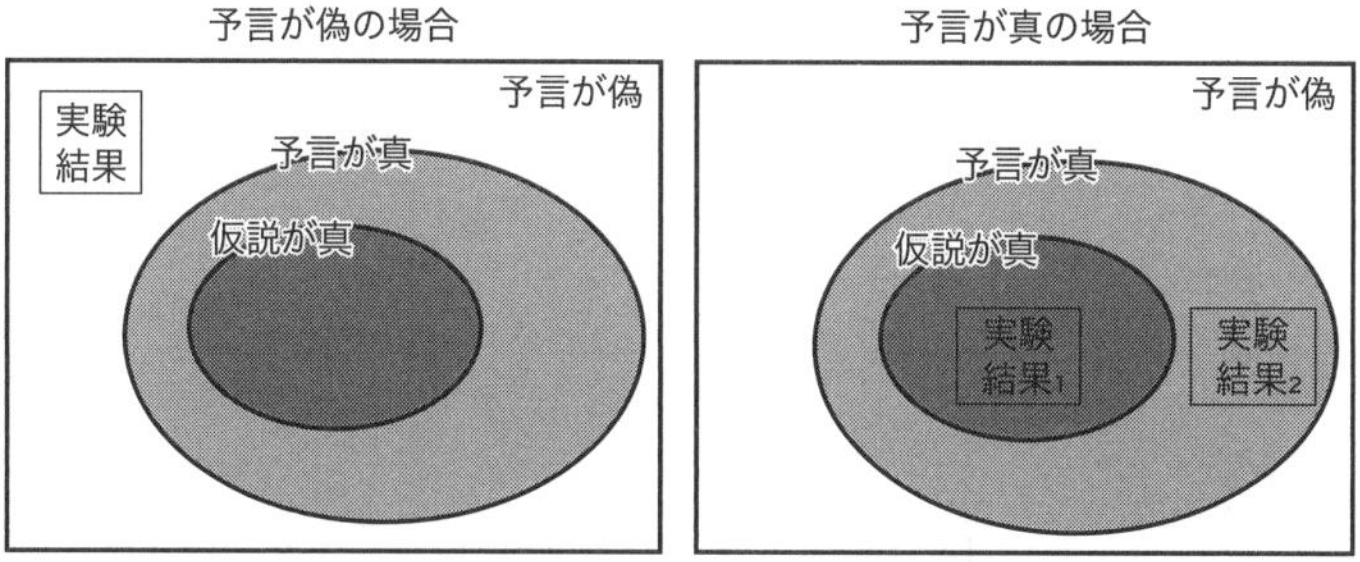

「仮説が真」の集合が「予言が真」の部分集合になっていることに注意。予言が偽の場合（「予言が真」の外）、「仮説が真」の集合に入りえない。よって、予言が偽のときは「仮説は偽（誤り）」といえる。

予言が真の場合（「予言が真」の中）、仮説が真のこともあるし（実験結果 1）そうでないときもある（実験結果2）。よって、この場合「仮説が真（正しい）」と結論付けるのは妥当でない演繹となる。したがって結論は「仮説はおそらく正しい」となる。

図 2-8　予言が偽のときと真のときの仮説の扱い

ので、コレラは飲料水に潜む危険因子を摂取することで感染するという仮説も偽であるという判定となるのだ。

20　仮説を検証する　②予言が真であった場合

少しややこしいのが、これから紹介する予言が真であった場合の仮説の取り扱いである。さて、この場合私たちは、「仮説も真である」と言い切っていいだろうか？　実はスノウが指摘した通り、こうとも言い切れないのである。この場合の推論を考察してみよう。この推論は、以下の通りだ。

前提１　仮説が真ならば予言は真
前提２　予言が真

結論　したがって仮説は真である

この推論の形は第2章9節で紹介した例3と同じような、反例をもつ「妥当でない演繹」である。仮説が真ならば少なくとも予言が真でなければならない。しかし、だからといって、必ずしも逆は真ではないのだ。つまり、予言が真であったからといって、それを根拠に仮説が真であるとは言い切れないのである。

例えば、切ない状況であるがあなたが殺人事件の実行犯に祭り上げられそうな状況を考えてみよう。検察側がそう主張する根拠は、「あなたは犯行時刻に犯行現場にいた」だ。そう、実行犯ならば、犯行時刻に犯行現場にいなければならない。「あなたは殺人事件の実行犯だ」という仮説に対して、予言は「あなたが実行犯ならば、あなたは犯行時刻に犯行現場にいる」になる。もし、犯行時刻にあなたが大学で講義に出ていたのならば、予言は偽になる。あなたは犯行時刻に犯行現場にいられないから、殺人事件を実行できないのである。このときあなたの身の潔白は証明されたことになる。これが前節で学んだ「予言が偽ならば、仮説も偽」という関係だ。

では、あなたが犯行時刻に犯行現場にいた場合はどうだろうか？　これをもって実行犯にされてしまうのは腑に落ちないだろう。もしかしたら、あなたは偶然に犯行時間に犯行現場を通りすがっただけかもしれない。つまり、実行犯以外でも予言に当てはまる人はいるのである。この例のように、予言が真であることは仮説が真であることの根拠にはなれないのである。

予言が真であったときは、仮説はデータと矛盾しないことだけを示しており、仮説はただ単に否定されることを免れた、つまり生き残ることができたという扱いになる。殺人事件の場合、「犯行時刻に犯行現場にいた」だけを根拠にあなたは犯人に認定されるだろうか？　いや、あなたは依然として容疑者から排除できないという立場になろう。これと同じ扱いになるということだ。

それでは、生き残った仮説の扱いはどうなるのだろうか？　生き残った仮説は生き残っただけで、依然、真偽が不明なままという扱いとなる。そこで、仮説から新たな予言を演繹し、その新しい予言を用いた検証にさらされることになる。そして、この新しい予言による検証は、仮説が反証されるまで続けられることになるのだ。これが科学における仮説の運命である。**科学として仮説が『正しい』と断言される日が来ることは永遠にない。ただただ、新たな検証方法による反証の試練に仮説はさらされ続けていくのである。**

つまり、**仮説演繹で進められている現在の科学は、本質的には間違い探し（反証）を行っていると理解することができよう。**そして、反証できなかった（＝予言が真）の時は、「仮説の真偽は依然不明のまま」という扱いにならざるを得ないのである。

21 アントニオ猪木は最強か

予言が真であった場合の仮説の取り扱いは少々ややこしかった。私は、予言通りの結果が出たときの仮説の評価は、プロレスラー、アントニオ猪木は最強か？ の判定に似ていると思っている。私が子どもだったころ、プロレスが大人気だった。金曜日の夜八時はテレビでプロレスが放送されていたし、番組改変期には二時間のプロレス特番が組まれるのが常という時代だった。プロレス特番では往々にして夢のマッチが放送されるので、ドキドキしながらテレビにかじりついたものだ。プロレスを見た次の日には（まだ土曜日が登校日だったころの話です）、学校でプロレス談義の花が咲いたものであった。

そのころの私のヒーローはアントニオ猪木であり、藤波辰巳であり、タイガーマスクだ。今でもハリウッドザコシショウが、テレビでタイガーステップを踏んでいるのを見ると、知らず知らずのうちに私もテレビの前でタイガーステップを踏んでしまう。つまり、そういう世代なのだ。

さて、その中でも威光を放っていたのはアントニオ猪木だった。そのころ私は、アントニオ猪木が最強、つまり世界で一番強いプロレスラーだと信じていた。もし仮にアントニオ猪木が最強ならば、誰と戦っても負けないはず。

タイガー・ジェット・シン、アブドーラ・ザ・ブッチャー、スタン・ハンセン、ハルク・ホーガン、ブルーザ・ブローディ……アントニオ猪木の前には、次々と屈強なライバルレスラー達が現れた。仮にアントニオ猪木が最強ならば、アントニオ猪木が彼らに負けるわけがない。もしアントニオ猪木がライバルレスラーの誰かに負けてしまえば、その時点で猪木最強説は覆されることになる。しかしアントニオ猪木は次々と彼らをはねのけていったのだった。

ではアントニオ猪木があるライバルレスラーに勝った場合、アントニオ猪木最強説は正しかったと言い切っていいのだろうか？　そこまで言うのは明らかに言いすぎである。とりあえず今回のライバルに勝てたのだから、アントニオ猪木最強説は生き残れた。けれども、世界のどこかにアントニオ猪木より強い男がいるという可能性をまだ排除できていない。仮説は生き残れたがいまだに真偽は不明という判定と同じで、アントニオ猪木は新たなライバルレスラーとの死闘をくり返さねばならないのだ。

○予言の実証に必要な実験・観察と、四つの工夫

①再現性と反復性　②デュプリケート　③客観性と定量性　④統計学

22　仮説演繹におけるエビデンスとしての実験・観察

これまで科学を進める論理展開として仮説演繹の理解を深めてきた。仮説演繹は誰の目から見て

も正しくかつ新しい知識にたどり着かせてくれる論理展開だ。しかし、論理展開だけでは誰の目から見ても正しいという要件がすべて満たされるわけではない。

仮説演繹では、実験や観察が仮説演繹の予言の真偽のエビデンス（evidence：証拠）の役割を果している。だから、実験や観察の部分を正しく行うことも必要となる。ここからは、仮説演繹の実証部分である実験や観察を正しく進めることについて学んでいこう。

実験や観察は予言の真偽を判定する重要なエビデンスとなる。当然、実験や観察の結果自体も誰の目から見ても明白なものでなければならない。例えば、予言の真偽を確かめるためにある実験を行ったとする。その結果、「そこはかとなく予言通りのような気がしないわけでもないような、みたいな……感じ……的？」では困るのである。こうではなくて、実験の結果から、はっきりと予言の真偽が判定できなければならない。こうするために、最低限満たしておかなければならないことがある。再現性と反復性、そして客観性と定量性だ。科学ではこれらを担保する実験や観察の進め方が必要となり、そのための四つの工夫（実験・観察の再現性と反復性、デュプリケート、客観性と定量性、統計学）が施されている。まずは、それでは、この四つの工夫のそれぞれについて考えてみよう。

23　エビデンスに必要な要素①：実験・観察の再現性と反復性

誰が・どこで実験を行っても条件とやり方さえ同じならば同じ結果が出ることを、再現性・反復性と呼んでいる。

科学の実験データには、「実験の結果、ある種の物質や細胞などが作成される／されない」というような、ある／なしで示されるデータの型と、「実験の結果、生成される物質の量が大きい／小さい、などの程度の差が生じる」というような、量で示されるデータの型がある。どちらのデータの型にせよ、誰が・どこで行っても・同じ条件・同じ方法で実験を行ったのであれば、同じ結果にならなければならない。ある／なしデータの場合、とある人が実験すれば作成できるけれども、別の人が同じ方法で作成を試みてもまったく作成できない、といったたぐいのものではダメなのである。同じことは量的データにも言える。

量的データについては、第1章5節の卒論の例にあった、やさしい言葉と冷たい言葉をかけたときの植物の成長の比較を用いて考えてみよう。実験を行った人は、やさしい言葉をかけた植物のほうがよく成長したと主張していた。こう主張するためには、同じ実験条件で育てたとすると、やさしい言葉をかけたほうが冷たい言葉をかけた植物よりもよい成長をする結果を誰が行っても得られなければならない。

再現性と反復性のない結果を用いて予言の真偽の判定を行っても、その判定結果が正しいとはいえない。再現性がなければ実験ごとに予言の真偽がコロコロ異なってしまい、誰の目から見ても正しい結論にはたどりつけないからだ。実験を行う場合は、実験結果だけを記述するのではなく、どういった条件で、どういったやり方で実験を行ったかを明記し、それに従って第三者が実験を再現することができ、さらには同じ実験結果が再現できるか確かめられるようにしておかなければならない。これが実験の再現性を確保するという一つ目の工夫である。

24 エビデンスに必要な要素②：デュプリケート

また、予言の真偽を確かめるために一度きりしか実験を行わないのでは、それが本当に再現性や反復性がある結果なのかわからない。そこで科学で実験を行う場合は、同じ条件、同じやり方で二度実験を行い、この二つの間に実験結果の齟齬がないかどうかも確認しなければならない。デュプリケート（duplicate：二重の）と呼ばれる再現性と反復性の確認作業だ。「デュプリケートを作る」が再現性と反復性を満たすために行われる二つ目の工夫である。

25　エビデンスに必要な要素③：客観性と定量性

観察や実験で重要な手続きには、再現性と反復性以外に重要なものがある。客観性と定量性だ。これらも再現性や反復性と同じく、誰が、どこで実験を行っても同じ結果を担保するために必要なものである。ある／なし型のデータの場合は、実験の結果は誰の目から見ても明白である。実験の結果、目的のものが生成・観察されれば「あり」、そうでなければ「なし」だ。客観性に問題はない。もし客観性に問題があるとすれば第2章23節で説明した再現性や反復性だけである。一方、量的なデータの場合はどうだろうか？　先に結論を言ってしまうと、客観性に問題が生じるとすれば、量的なデータの場合である。再びやさしい言葉と冷たい言葉をかけたときの植物の成長の比較を用いて、客観性と定量性について考えてみよう。

実験を行った人はやさしい言葉をかけた植物のほうがよく成長したと主張した。しかし、それを主張するためには、客観的な実証結果が必要だ。「なんとなく、見た目がそれっぽい」では客観的な根拠になりえない。誰もが認める根拠を示すためには成長がよいことを何らかの客観的な「ものさし」で測り、その結果を示さなければならない。

やさしい声をかけた植物が高くなったと主張するのならば長さの寸法を用い、重くなったと主張するのならば質量の寸法を用いて、客観的にどの程度の量の成長がよくなったかを示す必要がある。

客観的なものさしを用いて、量を測ることを「定量する」と呼ぶ。定量的に評価をすることで、誰もがどの程度の差があるのかを理解できるようになり、客観的な根拠となるのだ。量的データの場合は定量評価を行うことが三つ目の工夫である。

26 エビデンスに必要な要素④：統計学 ～必然か偶然か？～

客観性を保つためには定量の他にも気をつけなければならないことがある。今からのお話は定量評価をしたのちの、実験結果の解釈に関わるところである。定量評価として、仮に実験を開始してから三か月後の植物の高さをセンチの単位で小数点第一位まで測定したとする（つまりミリの単位）。そしてやさしい言葉をかけた植物と冷たい言葉をかけた植物をそれぞれ十本ずつ育てたとしよう。さて、やさしい言葉をかけた植物群の代表として十本の中で最もよく成長したものを取り出し、冷たい言葉をかけた植物群の代表として十本の中で最も成長が悪かったものを取り出し、これらを比較したとしたらどうなろうか？　この操作により、ほぼ確実にやさしい言葉をかけた植物のほうが冷たい言葉をかけた植物よりもよく成長するという結果になっているだろう。

この比較は明らかに公平ではない。作為的なデータの抽出が行われているからだ。私が小学生だったころ、庭に背の高いタンポポが育っていることを見つけたことがあった。私はテンションが高く

図 2-9　恣意的なデータの抽出・改ざんは絶対にしてはいけない！

なり、次の日学校で「家《うち》の庭は背の高いタンポポばかり生えている！」と豪語してしまったのだ。当然友達は、「本当かな」とか「見てみたい」などという反応を示した。その日家に帰ってタンポポを見ると、確かに例のタンポポは背が高い。しかし、背の低いものも結構生えていて、「家の庭は背の高いタンポポばかり生えている！」という状態からは程遠かった。仕方がないので、例の背がとても高いタンポポを根元からちぎって学校に持って行った。背の高いタンポポを見た友達は口々に「これは大きいタンポポだ」みたいなことをいい、「山田君の家には大きいタンポポしか生えないんだね。山田君の家はすごいんだね」と勘違いをしてくれた。どうやら友達の頭では、ちぎって持ってきたタンポポくらい大きいものが庭中に咲き乱れている光景を思い浮かべているらしい。私は内心で「まぁ、小さいのもたくさん生えてるんだけどね」と思ったけれども、口には出さなかった。

やさしい言葉をかけた植物と冷たい言葉をかけた植物の比較に話を戻そう。もし、両植物群とも「最もよく成長した個体を代表とする」などの他のデータの抽出方法を採用すれば、結果がきっと異なるはずだ。データの抽出方法で結果を操作できるのならば、実験を行ったものの都合がいいように結果をいかようにでも捻じ曲げることが可能となり、これでは客観的とはいえなくなる。つまり、観察や実験の客観性は定量評価するだけでは不十分で、結果の解釈を客観的に行うことも必要なのだ。

結果の提示の仕方を歪めることは、実験結果の解釈の客観性を保つため決して許してはならない。話題としている植物の比較の場合、たぶん、最もふさわしい十本の成長の代表値は十本の平均値だろう。そこで、やさしい言葉をかけた植物群と冷たい言葉をかけた植物群の平均を求めてみたとする。その結果、やさしい言葉をかけた植物の高さの平均が一〇・三センチ、冷たい言葉をかけた植物の平均の高さが一〇・二センチだったとしよう。では、この一ミリの差をもって「やさしい言葉をかけた植物が冷たい言葉をかけた植物より成長した」と言いきっていいのだろうか?

確かに一ミリではあるが、やさしい言葉をかけた植物のほうが冷たい言葉をかけた植物より高く育っている。「これで十分じゃないか。たとえ一ミリであっても、定量的に示されているのだから、客観性に問題ない。やさしい言葉をかけた植物のほうが成長がいいと結論付けよう」という考えもあるかもしれない。

しかし、両者の間にはたかだか一ミリの違いしかないと解釈することもできる。「たまたま今回の実験では一ミリだけやさしい言葉をかけたほうの成長がよかっただけじゃないか？　仮に、もう一度同じ実験を行ったら、今度は逆に冷たい言葉をかけたほうの成長がよいことさえ起こりかねないぞ。この一ミリの差は成長の違いの根拠にはなりえない」という考えもあるかもしれない。この立場に立てば、今回観察した一ミリの差には本質的な意味がないことになり、たとえ一ミリの違いが観察されたとしても、両者には差がなかったと結論付けるべきだろう。

つまり、やさしい言葉をかけた植物と冷たい言葉をかけた植物の間の成長の差が必然（常に優しい言葉をかけた植物の方が成長がいい）なのか、それともたまたま観察された偶然なのかという問題だ。ここでみなさんがもたなければならないのは、この一ミリの違いをもって両者の成長が異なるといえるかどうかの判断能力である。

そもそも生物学のデータには、個体差に基づくばらつきが付き物である。小学生のころ、同じクラスに体が大きな友達もいれば小さな友達もいたはずだ。これが身近にある個体差に基づくばらつきの例だ。やさしい言葉をかけた植物と冷たい言葉をかけた植物の間で成長量が異なることを主張するには、もともとその生き物がその生き物の性質としてもっているばらつきを考慮してもなお、十分な差があることを示す必要があるのだ。この形で差を示せたときに初めて、やさしい言葉をかけた植物のほうが冷たい言葉をかけた植物よりもよく成長したと客観的に解釈することが可能となる。

では、どうすればそんなことが可能になるのだろうか？　科学者は客観的に結果を解釈することに古くから悩み続けてきた。そして、それを解決する方法として編み出した技がある。「統計学」だ。量的データの場合、解釈の客観性を担保するため、統計学の力を利用している。例えば、今考えている二つのグループの平均値の比較においては統計学的検定を行うことが普通である。統計学の力を用いて実験結果の解釈を客観的に行うことが、四つ目の工夫である。

統計学や統計学的検定は科学の実験や観察を正しく進める上でとても重要な役割を果たしているが、統計学や統計学的検定の手法を詳しく解説することはこの本が目指すところではない。これらに関しては既にたくさんの入門書や専門書が出版されているから、巻末のリストを参考にして統計学の理解・技術向上をそれぞれに進めてもらうことにしたい。

第３章

生物学は科学なのか？

応用編

第3章　生物学は科学なのか？

○生物学が他の学問分野と異なる点：「進化」の有無

1　生物学に注目する理由

第1章で科学とは何かについて考え、第2章で仮説演繹を用いた、正しくかつ新しい知識を生み出す手順について学んだ。ここからは、科学が何であるのか、そして仮説演繹を用いた科学の手順について、より深く、より具体的に学んでいくことにしよう。

具体的な学びを進めるのならば、物理学、化学、生物学、地学といった科学の学問分野のうち、どれか一つに的を絞るほうがよい。第2章で紹介したように、すべての学問分野が仮説演繹で進められているのだから、特に何かの学問分野にこだわる必要はないのではあるが、私の専門でもある生物学を用いて話を進めさせてほしい。

というのも、生物学には科学とは何かを考えるのに好都合な話題がたくさんあるからだ。例えば「進化」は、科学とは何かを考えるのに恰好の題材である。そこで、第3章では、「進化」を用いて科学とは何かを考察していこう。**実は、「人類史上最大の科学的発見」とまで称されることのあるダーウィンの進化理論は、科学であることが疑われるという、相反する評価も受けている。**進化理論にネガティブな評価があること自体に驚かれた読者もいるだろうが、進化理論に対してどのような批判があるのか知ることは、科学が何であるのか理解するよいヒントにもなる。この点については次章で詳しく紹介していくが、その前に、科学の中での生物学の立ち位置について考えてみたい。

私は二十年以上も生物を相手にした研究を続けている。私にとって生き物は不思議であり、魅力的であり、研究したいという気持ちにどんどん引き込まれてしまう。……これは個人の感想にすぎないが、きっとこんな気持ちは、私だけがもっているわけではないだろう。ただ、生物学の研究はやってみると結構難しい。

どんな学問分野もそうだろうが、その学問分野特有の難しさというものがある。もちろん、生物学も例に漏れず、生物学ならではの難しさというものがある。生き物を相手にした研究を行う者は特に、生物学だけがもっている独自の難しさを知り、その難しさを生み出す正体を理解しておく必要がある。生物学独自の困難さとはそれがもつ極めて複雑な現象であり、その現象を作った正体とは、先ほども触れた「進化」だ。そして、これから詳しく解説するように、生物学を物理や化学、地学といった科学の他の学問分野から独立させ、自立した科学にたらしめているのも「進化」なのである。それでは、生物学の困難さや独自性について「進化」を軸に考えていこう。

2　科学の学問分野

広辞苑による科学の記述的な定義を思い出してほしい。そこには、科学とは「個別の学問分野に分かれた学問の総称」との記述もあった。それではどのような学問分野が科学に含まれており、それらがどのように分類されているのだろうか？　生物学が科学のどこに位置付けられているか知ることは、生物学と他の学問分野との違いを理解するために重要であろう。

今から紹介する学問分野の分類は基本的に八杉龍一（一九九一）に従っているが、私の視点を加えて再構築してある。

科学を構成する学問分野はまず、形式科学と経験科学の二つに大きく分けられる。後者には生物学を含め、たくさんの学問分野が入るからとりあえず置いておいて、先に形式科学から紹介しよう。

形式科学は理想科学とも呼ばれ、数学や論理学が分類される。形式科学と経験科学の違いは実験や観察といった経験的な知識を利用するかしないかにあり、形式科学は経験的な知識を利用しない。形式科学ではいくつかの定理を定め、そこから公理を導き、それに基づき「妥当な演繹」を用いて真理を探っていく。形式科学では、厳密な正しさが求められるので、真理保存性が担保された「妥当な演繹」（第2章7節参照）だけを用いて進められる。したがって形式科学の結論は、前提が作られた時点で必ず真であることが決められていたものではあるものの、直ちにそれが真であるとは

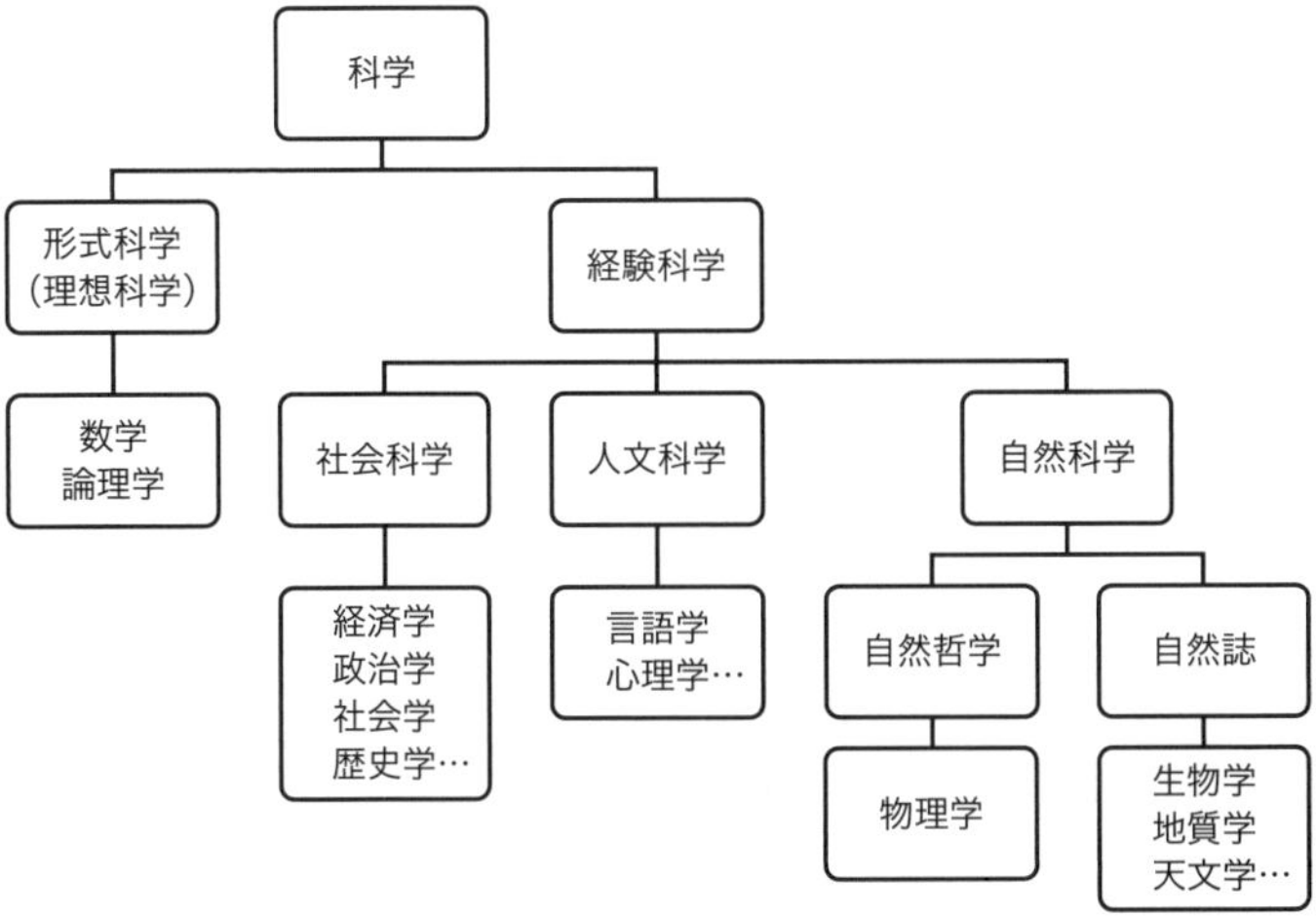

図 3-1　学問分野の分類

わからないものであり、それを理詰めで汲み上げていることになる。

それに対して経験科学では、観察や実験などの人間の経験によって確かめられた事実に基づいて真理が見つけられていく。経験科学は典型的には、自然科学、社会科学、人文科学の三つに分けられる。本書での対象は自然科学なので、自然科学のみに注目して話を進める。

自然科学には物理学、化学、生物学、地学といった理科の科目にもなっている学問分野が収まっている。自然科学はかつて自然哲学と自然誌の二つに分けられており、そのうちの自然哲学とは、現代で言う物理学のことである。万有引力を発見したアイザック　ニュートン（Newton, I）の主著は『自然哲学の数学的原理』だが、「自然哲学」の部分を「物理学」に置き換えて読めばしっくりいくだろう。元来、自然哲学では数学的理論と実験的検証との組み合わせによる仮説演繹を用いた探究的な研究スタイルが採られていた。

物理学以外、つまり「(自然哲学)じゃないほう」の自然科学の学問分野は「自然誌」にまとめられていて、その中でも典型的な「自然誌」が地質学や生物学であった。自然誌では、野外調査や標本採集に基づく経験の一般化が典型的な研究方法であった。しかし、観察や実験結果を記述するというやり方は、帰納に他ならない。第2章14節で学んだとおり、科学を帰納の論理展開で進めることはゆるされない。「科学を帰納の論理展開では進めてはならない」という考えは十九世紀後半以降に発達し、これ以降は科学の方法は仮説演繹を用いた探究的なスタイルの一つだけであるという考えが広がり、定着していった。その結果、自然哲学と自然誌の垣根が取っ払われ、これらは自然科学として一つにまとめられたのである。つまり、生物学は途中まで帰納による一般化で進められていたが、その後、探究的な研究スタイルへと変化したのだ。

3　自然誌から生物学へ

すべての学問分野の科学研究が探究的な研究スタイルで進められていると書いたが、身近にある生物の研究成果をまとめた本を見ると探究的なスタイルではまとめられていないこともある。このことから、読者の中には、「探究的な研究スタイルなんて生物学でほんとに行われているのだろうか？」と疑問をもった人もいるだろう。というのも、生き物ラブな子どもたちは『ファーブル昆虫記』や『シートン動物記』といった古典的な名著を読みあさったはずであり、子どもたちのハートを鷲づかみにし、今なお座右の書として書架に置かれているであろうこれら生物名著を読み返すと、「フンコロガシっていうのは、こんな昆虫だよ」的なことが事細かに観察や実験に基づいて記述されているからである。これら名著の内容は観察や野外実験の記述がメインである一方で、仮説だの予言だのといった言葉は出てこないし、仮説演繹の論理構成で進められてはいない。……本書が書いてきた通りではないのである。

ということは、私かジャン　アンリ　ファーブル（Fabre, J-H,C）やアーネスト　シートン（Seton, E.T.）のどちらかが嘘をついているというわけになる。さすれば、読者はうそつき犯を探しにかかるのだろうけれど、ファーブルやシートンは言わずと知れた偉大な生物学者であり、それに引き換え本書の筆者など……知らない。ファーブルやシートンのほうに分があり、私にとってはとても残念な状況だ。「よし、私はファーブルやシートンに賭ける！　かつて彼らがやってきたように、観察や実験をバリバリ行い、それを清々粛々と記述してやる！」と決意された方もいるかもしれない……が、その決意だけは思い直してほしい。つまり、たとえ『ファーブル昆虫記』や『シートン動物記』が実験や観察の記述スタイルだからといって、現在の生物学もこのように進められているとは思わないでほしいのだ。

理由を説明しよう。言い訳っぽいなぁと思わず読んでほしい。まず、ファーブルやシートンが活躍したころと今では時代が違う。これら名著が生み出されたのは一九世紀であり、二十一世紀の現代ではない。ファーブルやシートンの時代はまだ帰納を推し進める記述スタイルが許されたかもしれないが、現代はノーだ。時代が変わってしまったのだ。

他の理由もある。これら名著は学術論文というよりは一般の読者に向けた科学啓蒙書だ。卒業論文や博士論文、投稿論文などの学術論文とは対象とする読者や目的といった性質がまったく異なっている。科学書では記述スタイルが許されたとしても、学術論文はこの形でまとめることはできないのだ。もし、これからみなさんが執筆するであろう卒業論文や博士論文、投稿論文などをファーブル的な記述スタイルでまとめてしまったら、もうそれは論文とは認めてもらえなくなってしまう。**つまり、仮説演繹の探究的なスタイルでまとめることが学術論文の最低条件なのである。**有意義な卒論や大学院および科学者ライフを堪能するためにも、ここは抜かりなく進めてほしい。

4　生物学は切手の蒐集にすぎないのか？

さて、もともと観察や実験を記述する自然誌であった生物学が探究的な研究スタイル、つまり科学の手法に変更していくには大きな努力が必要であった。生物学が発展していく過程で、かつて、いやかなり最近まで「生物学なんて学問分野は必要ないのでは？」という逆風が吹き荒れていたらしい。例えば、二十世紀の初頭にノーベル化学賞を受賞したアーネスト　ラザフォード（Rutheford, E）は「生物学は切手蒐集的な趣味程度の学問」と皮肉ったという……生物学なんていらない？どういうことだろう？　生物学者として心が荒ぶってしまう。

この逆風の背景には生物学への二つの批判が独立して存在している。一つ目は、生物学では（かつては）観察や実験の記載に明け暮れ、それらの結果として生物学の知識は集まるものの、それらが体系化されて理解されていないという状況への苛立ちである。これでは、あたかも切手蒐集のように知識を集めることに生物学の目的があるように見えてしまう。言うまでもないが、科学の目的は真理の探究にあるというのに……。ラザフォードの皮肉の意味はここにある。

中世以降の科学の復興を担ったのは生物学ではなく物理学だ。物理学では古くから探究的な研究スタイルが採用され、体系的な科学法則が築かれていった。これに対し、生物学では、実験や観察結果という知識は広がっていく一方で、それら知識が体系的に理解されていかない体たらくだと思われていた。アルベルト　アインシュタイン（Einstein, A.）も「経験をいくら集めても、理論は生まれないんだよ！」と嘯《うそぶ》いたといわれる(これは生物学に対して放った言葉ではないので注意)。「知識は溜まるけれども真理には近づかない生物学などもういらぬ」というわけだ。しかし、十九世紀後半以降、生物学も物理学同様に探究的な研究スタイルで進められ、生物現象も体系的に理解されるようになってきたのだから、この批判は今や当たらない。

5　生物現象は物理学の法則に還元可能か？

生物学へのもう一つの批判は「生物で見られる現象のすべては、物理学の体系化された知識で理解しうる」という考えである。この考えでは、生物現象は物理学の法則の組み合わせに過ぎないことになり、現象を細かく分解していけば、いずれは物理学の法則に行きつくことになる。つまり、生物現象は物理学の法則にまで還元することが可能ということだ。もしこの考えが正しいのならば、わざわざ生物学など設けなくても、「生物現象を含めて、まるっと物理学が引き受けよう！」ということになろう。

さて、生物で見られる現象はすべて物理学の法則に還元できるという考えは正しいだろうか？もし答えがイエスならば、確かに生物学の存在意義などない。もしノーならば、やはり生物学は物理学から独立して必要なことになる。この問いに対する答えは、イエスであり、ノーでもある。答えは、求められるレベルに依存して変わるのだ。

生物で見られる現象も物理や化学の法則に反することはない。例えば、質量保存の法則（物質が化学反応をするとき、反応前と反応後の物質の質量の合計は同じ）に反するような現象はたとえ生体内でも起こりえない。つまり、物理学の法則の範疇でおこる現象が生物現象なのである。この意味で、「生物で見られる現象は、厳密に物理学の法則にしたがっている」という見方は正しく、このレベルでの答えはイエスとなる。

それでは、あまねく生物現象は物理の法則に還元し尽くされる——つまり、生物現象は物理学の法則だけで説明し尽くされるのだろうか？　そこまで求められるとすれば答えはノーとなる。いや、少なくとも今の科学知識、科学技術は、到底そんなことは及ばないレベルである。現在までにそれに成功したものはいないし、成功する兆しすらない。

生物で起こる現象を物理学の法則にあまりにも還元できない現状を鑑《かんが》みて、「生物は、生物ではないものから区別される特別な法則をもっていて、それが生物現象を物理学には還元しえない理由になっているのではないか」という考えが広まっていった。ざくっと言ってこうした考えは「生気論」と呼ばれている。例えば、元素を生物と同じ比率で混ぜ合わせてもそれは生物としてまったく機能しないというのが生気論の根拠であり、生物現象を細かく分解すれば最後には物理学の法則へたどりつくという考えへの批判である。

しかし、だからといって「物理学とは完全に独立した特別な法則が生物には宿っている」とは言いすぎである。こう言ってしまうと、生物現象の独自性を物理学では説明されていない霊魂や魂に

求めることもできてしまい荒唐無稽となってしまう。これを避けるためには、いきなりそう考えるのではなく、

（1） 生物現象の解明には、物理学の法則以外にも付け加えるべく生物学独自の法則が必要であり、
（2） 生物学独自の法則のほうが、生物現象を支配する上で役割が大きく、
（3） その一方で、生物学独自の法則も物理学の法則に厳密に従わなければならない

と考えるべきである。こう考えれば、「物理学の法則が支配する世界で起こっている現象であっても物理学の法則だけでは説明しきれないことが起こりえる」ということが成り立つことになる。生物現象における物理学の法則と生物学の法則の関係は、「物理の法則がより大きな枠組みとして生物現象が起こりえる範囲（可能世界）を規定し、その可能世界の中で生物の法則が実際に起こっている生物現象（実現世界）を構築している」ということになろう。

生物独自の法則は物理学の法則の支配を受けているわけだからもちろん、この「生物独自の法則」というのが古典的な生気論者が唱えた生命力や魂、霊魂と呼ばれる物理学の法則の枠組みの外にあるものではありえない。それでは、本当に生物学独自の法則などあるのだろうか？　もしあるとす

れば、生物学独自の法則とは何なのだろうか？

現在、多くの科学者たちが生物学独自の法則はいくつかあると考えており、例えば、ＤＮＡに暗号化された遺伝情報があてはまると言われている。生物はこのしくみを手に入れたことでＤＮＡの情報を鋳型として酵素やホルモンなどのさまざまなタンパク質を合成し、それを用いたさまざまな生理反応（代謝）を実現したのだ。それだけでなく、ＤＮＡを介した遺伝のしくみにより、他のいかなるシステムでも見ることができない自己複製能力さえ獲得したのである。**つまり、タンパク質を用いた生体内でのさまざまな代謝や自己複製能力が生物独自の法則であり、かつ、生物以外の系では見られないほどの複雑さをももっているのだ。**

それでは、生物学を自立した学問たらしめ、生物独自の法則でもある、ＤＮＡを介した自己複製能力や代謝能力について考えを進めていこう。

6　生物とは何か？

どうやって生物は、自己複製能力や酵素に関するＤＮＡの遺伝情報を手に入れたのだろうか？生物はこうした能力を他の誰かにこさえてもらったり、他の誰かから譲り受けたりしたわけではない。生物が自律的に築きあげてきた能力なのだ。

いつ、どこで生命の誕生が起こったのかは誰にもわからない。今から三十四億年ほど前の地層から現生する細菌にそっくりな化石が発見されているので、少なくともこの時代には生命がいたことがわかっている。ここから生命の誕生がさらにどれだけ遡るのかはいまだ謎のままだが、一説によると生命の誕生は約四十億年前だといわれている。地球の歴史が四十六億年ほどなので、生命誕生は初期の地球での出来事だったらしい。

生命誕生の時代には、非生物から生物への移行が起こったわけだ。非生物から生物の誕生なんて、なんだか心穏やかではないが、そもそも生物と非生物の違いはなんだろうか？

それでは、この問いについて少し考えてみよう。この問いはとても野心的で、たった一つの基準では生物と非生物の間をうまく仕分けられないと考えられている。この問いに答えるヒントは、目の前に何らかの物質があったときそれが生物なのかそうでないのかを考える思考実験だ。こうした思考実験を経て打ち出されたいくつかの定義の中で、少なくとも私にとって最も説得力のあるものは、

生物とは負のエントロピー（ネゲントロピー）を摂取するもの

という、一九三三年にノーベル物理学賞を受賞したエルヴィン　シュレディンガー（Schrödinger, E.R.J.A）の定義だ。

7　熱力学第二法則の中の生物

負のエントロピー？　大丈夫だ！　あなただけでない。ほとんどの人が人生で始めて出くわした言葉だ。解説しよう！

エントロピーとは「無秩序さ」、「混沌さ」、「不規則さ」、「乱雑さ」の程度を指す。私たちが住むこの世界では、放っておくとエントロピーが増大していくようになっている。もし秩序があるものがあればそれは時間とともに秩序を失い、秩序のないものからは秩序は生まれないし、秩序の程度は増えていかない。「私たちが住む世界は、放っておくとエントロピーが増大する」は、熱力学第二法則が言わんとすることだ。

……もしかすると、説明をされているのか、煙に巻かれているのかわからなくなってきた人もいるかもしれないので、具体例を用いて説明しよう。ここでいう「秩序」という言葉だが、例えばきちんとかたづいている部屋の状態は秩序が高く（エントロピーが小さく）、散らかっている部屋の状態は秩序が低い（エントロピーが大きい）くらいに単純に理解しておいてくれればよい。

例えば、あるところに木造家屋があったとしよう。もし家主が維持管理を怠り、雨漏りしても窓が壊れようにも修繕せず放っておいたらどうなるだろうか？　この家が時間の経過とともにぼろぼろになっていくのは想像に難くない。やがて家屋は崩れ果て廃墟と呼ばれようになるだろう。さらにそのまま放っておけば、建材も腐り、かつては家屋であった面影さえなくなるだろう。木造家屋は規則的に材木が組み置かれ秩序が高い状態だ。けれども、家屋の構造は時間とともに崩れ、材料の木材は朽ちていく。この過程は無秩序さ（エントロピー）を増やしている。これが「放っておいたら、時間とともに無秩序さが増え、秩序が失われる」ということである。

反対に、放っておいても無秩序から秩序は生まれることはない。森にはたくさんの木が雑多に生えている。これは秩序が高い状態ではない。この森に生えた木々が自然とうまいこと倒れ、それがうまいこと材木状に分解され、あまつさえそれがうまいこと重なり合い、木造家屋の体をなすなどありえないのだ。森の中に小屋が立っていたら、「自然ってすごいねぇ。こんな小屋建てちゃうんだねぇ」と感心はしない。そうでなく、「誰かがこの小屋を建てたんだろうな?」と思うだろう。自然に秩序ある構造物が構成されていくことはこの世ではありえない。こういう当たり前のことを熱力学第二法則は言っているに過ぎない。

しかし、生物では細胞の構造が維持されているのだから、細胞内の秩序が高く保たれていることになる。これぱっと見、熱力学第二法則から考えるとありえない事が起きているように見える。一方、死んだ細胞はどうなるかというと朽ちていく（秩序が失われていく）。ということは、「生きること」は、「細胞内の秩序を高く保つこと」と言い換えることができる。

では、どうすれば細胞内の秩序を高く保てるのだろうか？　細胞外から秩序を摂取しているというのがシュレディンガーの見立てである。そして、彼は「秩序」を物理学の言葉である「負のエントロピー（エントロピーが無秩序なのだから、負のエントロピーは秩序になるという理屈）」と表現したのだ。細胞内の秩序が増えた分だけ細胞外の無秩序さが増えると考えれば、細胞内外のエントロピーの変化は相殺され、細胞内で秩序が高く保たれたとしても物理学的な矛盾は起こらない。

細胞内外の秩序が釣り合うとはどういう状態を指すのだろうか？　分子の動きに注目してみよう。細胞内外の分子は静止しているわけではなく、でたらめな動きをしている。分子のでたらめな動きが大きいほど無秩序だと考える。細胞内で複雑な化学分子が作られれば、分子の動きに制約が生じ、でたらめな動きは当然小さくなる。これが細胞内における「高い秩序」という状態だ。細胞内にある分子のでたらめな動きが小さくなった分、細胞外にある分子のでたらめな動きが大きくなれば、細胞内外の無秩序さが釣り合うことになる。

さて、分子のでたらめな動きとは、熱エネルギーのことだ。熱が高いとは、分子がでたらめに大きく動いている状態を指し、私たちはこれに触れると「熱い」と感じるのだ。細胞が外に向かって熱を発すれば、細胞外の分子の動きを大きくすることができ、細胞内の秩序さと細胞外の無秩序さが相殺されることになる。こうして熱力学第二法則に関わる矛盾は解消されるのだ。

8　生物特有の現象：代謝、自己複製

さらに質問は続いていく。では、どうすれば生物は細胞外に向かって熱を発することができるだろうか？　この目的のため、生物が採用した方法が異化だ。異化とは大きく複雑な分子を分解することでエネルギーを取り出す代謝を指す。異化の例に呼吸がある。日常生活で呼吸といえば、酸素を吸い、二酸化炭素を吐き出すガス交換を指すが、生物学では、

ブドウ糖　＋　酸素　→　二酸化炭素　＋　水　＋　エネルギー

という化学反応を指す。ブドウ糖という複雑な物質が水や二酸化炭素といった単純な物質に分解され、この過程でブドウ糖に蓄えられていたエネルギーが取り出されるのが、「呼吸」なのである。こうして異化によって取り出されたエネルギーが熱に変換され、それが細胞外の無秩序さ（エントロピー）に変換されているというのがシュレディンガーの考えだ。とすると、私たちが異化を行っているのは細胞内の秩序を高く維持するための工夫だということになる。なるほど、異化はステキだ。ところで、私たちは異化を細胞外でも見ることはできるだろうか？　実は、異化を含めて細胞内で起こっている化学反応のほとんどは、細胞外では見ることはない。というよりも、細胞外では

起こりえないと表現するほうが、より正しいだろう。

細胞外では起こりえない化学反応を細胞内で可能にしているのが、タンパク質でできた酵素である。酵素は生体で起こる化学反応の触媒（それ自体は変化することなく、化学反応の促進をする働きをするもの）としての役割を担っている。つまり、細胞外では起こりえない化学反応を酵素を用いて細胞内で実現させているのである。

生物を生物にたらしめている異化。この鍵を握っている酵素の元をただせば、その設計図となっているＤＮＡにたどり着く。そう考えると、**生物は遺伝子であるＤＮＡから酵素を作り、それを介した代謝能力を獲得したことで生物という立場を手に入れた**とまとめることができる。

ＤＮＡを基に作られる酵素を触媒とした代謝能力は、生物のさらなる能力の獲得につながっていった。それが、生物特有のもう一つの現象である自己複製だ。ＤＮＡ合成酵素を利用すればＤＮＡは自分と寸分たがわぬ自己を複製することさえ可能となるのだ。ＤＮＡの自己複製過程に興味をもった人もいるかもしれないが、本書では専門的になりすぎるため説明を省略することにする。その過程はかなり詳細に分子レベルで解明されており、高校の生物の教科書にも詳しく記述されているので、そういった参考書を活用してほしい。

遺伝子であるＤＮＡの特徴をまとめると、（１）代謝を司る酵素（タンパク質）の設計図になることと（２）自己複製をすることだ。

9　生物特有の現象：進化

生物がDNAを用いた代謝能力と自己複製能力を手に入れると、もれなく付いてきたのが進化する能力である。自己が複製されていくと、今度は複製された「自己」の間でそれぞれがもつ代謝のコンテストが始まる。しかし、DNAにより複製されるのは自己の精密なコピーのはずである。コピーはすべて同じ代謝をもつのだから、コンテストの勝ち負けは偶然だけで決まるはずだ。もし絵画コンクールにまったく同じ絵——例えばある原画のカラーコピーだけが出品されたとすれば、第一席を獲得する絵（コピー）は、絵の良し悪しでは決められず、「えい。やーっ」とランダムに選ぶしかない。というわけで、もし複製された自己たちが寸分たがわぬコピーならば、確かにコンテストには意味がない。しかし、DNAはときどきコピーミスを犯すのだ。

ランダムに発生するDNAのコピーミスにより影響を受けるのは、そこから作り出される酵素である。DNAのコピーミスによりそれぞれの自己が少しずつ違った酵素をもち、それにより少しずつ違った代謝が作られるのである。このようにして、ランダムに起こるDNAのコピーミスによりコンテストを行う素地ができ上がる。

コンテストで選ばれるのは、他より優れた代謝をもつ「自己」だ。代謝の違いが作られる過程は完全にランダムだが、コンテストに選ばれるかどうかはランダムではなく代謝が優れているかどう

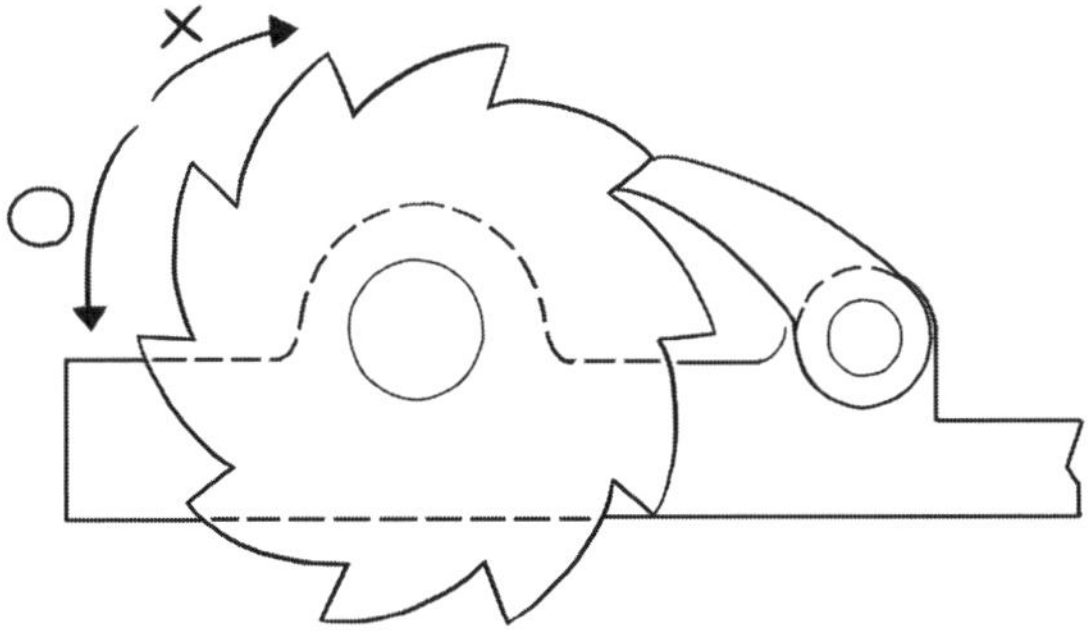

図3-2　つめ車（ラチェット）

かだ。他より優れた代謝をもつ「自己」は、他の「自己」より「自己」を複製しやすい。こうしてコンテストで選ばれた「自己」は、他の「自己」より優れた代謝をもつ「自己」を複製能力でどんどん増やしていき、かつての「自己」より少し洗練された「自己」が集団の多数派となっていく。

さらに、このコンテストのすごいところは代謝が洗練されるほうだけに進んでいくことだ。ＤＮＡのランダムな変化に起因する代謝の変化は、ＤＮＡに遺伝情報として刻み込まれていく。ＤＮＡに刻みこまれた代謝の情報は、ＤＮＡが言わば「つめ車（ラチェット）」の働きをして、後戻りは許さない。逆戻りするためにはＤＮＡの遺伝情報が以前のものに書き換えられなければならないが、計算上こんなことはほぼ起こらないことがわかっている。**このコンテストは「自然選択」と言われ、このコンテストに伴う、世代交代（自己複製）とともに進む代謝の改善が「進化」**だ。「自然選択」と「進化」についてはのちの第４章で詳しく説明することにする。

10　四十億年のパズル解き

生物は地球上に誕生してからの四十億年の時間、ランダムではないコンテスト――自然選択――に晒《さら》され続け、その記憶をＤＮＡの遺伝情報に記録し続けた。「生物はどうやって他にはない複雑さを手にしたのか？」という問いに答えるならば、「四十億年という途方もない時間を自然選択に晒した結果」ということになるだろう。

つまり、**生物現象とその他の現象を分かつ決定的な違いは「途方もない時間をランダムではない過程にさらし、その記憶をＤＮＡに刻み続けてきたこと」**だ。生物現象以外の科学領域で扱う事象がすべてランダムな過程の中で完結する現象なのに対し、生物現象は進化というランダムではない過程により構築されてきたのだ。**進化という現象をもっていることが生物学の独自性であり、生物を相手に研究する科学者に必須のセンスは「進化」ということになる。**

進化のセンスで生物を眺め直すと、生物学者のやるべき研究が見えてくる。生物現象を研究するということは、生物が進化により四十億年かけて作ってきた複雑なパズルを解くことに他ならない。

一九七三年に生物学者、テオドシウス　ドブジャンスキー（Dobzhansky, T.G.）が残した言葉、「生物学では進化を土台に考えなければ、何一つ理解しえない」は、生物学における進化のセンスの重要性を説く印象的な言葉である。彼がこの言葉を残した後、生物学では分子生物学のめざましい発展があり、生物学の教科書の内容もかなり大きく書き換えられた。にもかかわらず、いまなおこの言葉の輝きはまったく色あせていない。いや、分子生物学の発展によりこの言葉は輝きをさらに増したというべきであろう。

「進化を土台に考える」とは詩的でいい響きではある。しかし、具体的には「進化を土台に考える」とはどんなことを指すのだろう？　次節からはそれについて考えてみよう。

○生物を理解するための二つの視点：どのように（至近要因）と、なぜ（究極要因）

11　どのように：至近要因と、なぜ：究極要因

生物現象に対して研究を行う場合、生物学者が対象をどのように眺めるのかで問題の設定の仕方がまったく変わってくる。そして、生物現象をどのように眺めるのかという生物学者の立ち位置は、進化ととても強く関係している。この点を解説していこう。

古くから、「ある生物現象がなぜ起こるのか？」という疑問の中には、いくつかの異なった問いが潜んでいると言われてきた。この考えはジュリアン　ハックスレー(Huxley, J.S.)に端を発し、ノーベル生理医学賞を受賞したニコ　ティンバーゲン（Timbergen, N.）や進化の統合論をけん引した

エルンスト　マイヤー（Mayr, E.W.）が洗練させていった。

この三人の科学者は多少異なる見解を示しているが、彼らが共通して示している問題設定もある。それは、「ある生物現象がなぜ起こるのか？」という問いは、

（1）「どのようにして、その生物現象が引き起こされるのか？」
↓生物現象が起こるしくみを明らかにする
（2）「なぜ、その生き物はその生物現象をもつようになったのか？」
↓生物現象が進化してきた背景を探る

の、二つの問いに分けられるという見解だ。

（1）を扱う立場は至近的な要因（至近要因）に関する科学と呼ばれ、機能生物学者が請け負い、（2）は究極的な要因（究極要因）に関する科学と呼ばれ、進化生物学者が進めている。マイヤーはこの状況を見て、生物学という同じ軒の下に問題設定がはなはだ異なるほぼ独立した二つの分野が共存していると言った。

ほとんどの生物学者は、至近要因の解明か究極要因の解明のどちらか一方の立場でのみ研究を行っている。問題設定が異なれば同じ現象に向き合ったとしても、当然研究方法がまったく異なる

ため、生物現象に関する研究を行う人は自分がどちらの立場で生物現象に向き合うのかはっきり認識しておく必要がある。ざっくり言うと、生理学者や分子生物学者は至近要因の解明を、生態学者や進化生物学者が究極要因の解明を目指している。しかし、たとえ至近要因の解明を目指した生物学を進める立場であったとしても、究極要因の視点をも持たなければ、生物現象を理解することが難しいと認識すべきである。そして、究極要因の解明を目指す者にも同じことが言える。

以上の話は少し抽象的でわかりにくかったかもしれない。そこで、生物現象の至近要因と究極要因をブナの豊凶現象を例に次節から具体的に解説していこう。

12　ブナの豊凶現象

植物には毎年決まった時期に咲くものが多い。私が住む広島では入学式のころにサクラが咲き乱れ、ゴールデンウィークが近づくとツツジが咲き誇る。一年刻みで開花する植物の花を見ると、「もうこの花が咲く時期になったのか」と私たちは季節を感じるのである。

しかし、すべての植物が一年周期の開花を見せるわけではない。ミカンやリンゴなどの果物でよく知られているように、表年《おもてとし》と呼ばれるなり年と裏年《うらどし》と呼ばれる不なり年が交互に訪れる植物もある。また、二年以上の間隔で豊凶を見せる植物もある。こういった性質をもつ植物は、数年に一度訪れる豊作年には林内のほぼすべての個体が同調して結実する一方で、凶作年に種子生産をする個体は極端に少ない。

さて、日本でいうと東北から北海道西南にかけて分布する冷温帯には、冬季に落葉する樹木から構成される「夏緑樹林《かりょく》」が成立する。そして、夏緑樹林の代表的な植物にブナがある。青森と秋田県にまたがる白神山地にはブナの原生林が広がり、一九九三年に世界自然遺産に登録されている。

さてこのブナであるが、二年以上の間隔をあけるはっきりとした豊凶を示す。典型的には五〜七年に一度ある豊作年には、林内のほとんどの個体が結実するが、それ以外の年はほとんどの個体が結実しない凶作が続く。これをブナの豊凶現象といい、ニュースで聞いたことのある人も多いだろう。言語によるコミュニケーションができない植物が同調して豊作年と凶作年を作り出すさまは、多くの科学者を引き付けてきた魅力的な生物現象である。

では、ブナの豊凶現象の至近要因と究極要因を探ってみよう。

13 ブナの豊凶現象の三つの仮説

ブナの豊凶現象の原因はいまだ解明されつくしてはいないものの、これまでの多くの科学者による多大な努力により、その原因解明はかなり進んできた。最新の知見に基づきながらブナの豊凶現象の原因を紹介してみよう。しかし、第2章20節で確認したとおり、すべての科学理論は正しいかどうか確かめることができないのだから、これから紹介していく原因についても、「原因仮説」という呼び方を用いることにする。

（1）生体内の生理的原因仮説

ドングリを作るためには、木自身にとってはいつもより余分な材料（リンや窒素といった栄養塩やデンプン：以下、資源と呼ぶ）が必要となる。植物がこの資源をどうやって手に入れているかといえば、リンや窒素の栄養塩は根から水とともに吸い上げ、デンプンは光合成により入手している。

この仮説では、ブナはこうした資源を毎年こつこつ体内に蓄積すると考える。そして、体内に蓄積された資源量があるレベルを超えたときに繁殖が可能となると想定する。繁殖に必要な資源レベルは高く、その一方で資源蓄積の速度は遅いとするのならば、一年程度資源を樹体体内にため込んだとしても到底、繁殖に必要なレベルには達せないことになる。つまり、数年の資源蓄積を経てやっとこのレベルに達することになる。

この仮説によれば、ブナ体内の資源量が繁殖可能のレベルまでに達するためには数年間の資源の蓄積が必要となるため、体内の資源量が制限となり、ブナはしたくても毎年繁殖ができないことになる。また、一度繁殖してしまうと樹体体内に蓄積された資源もほぼ使いつくされてしまうので、資源量が繁殖可能なレベルまで回復するために数年かかることになるだろう。この仮説では、こうして豊凶現象が現れることを説明する。

(2) 生体外の生理的原因仮説

ブナは四月から五月に、新しい葉が出る前に開花する。花粉は風により運ばれる風媒で、花はとても地味である。受精し、胚発生がうまく進むと、その年の秋(九月から十一月くらい)に成熟したドングリができあがる。

さて、ある年にブナが繁殖するかどうかは、その前の年の気候に支配されているようだ。開花前年の四月から五月——そう、開花前年の新しい葉が出る時期の気候が、翌年に花をつけるかのどうかのカギを握っているらしい。各種の研究から、この時期に例年並みか、例年より高い気温を感じると翌年の開花が抑制され、この時期の気温が例年よりずっと低いと開花が促進されることがわかってきた。この仮説では開花の引き金となる気象イベントがまれであり、数年に一度しか発生しないため、気象イベントの発生頻度に合わせブナの豊凶が数年に一度起こると考える。

(3) 生態的原因仮説

ブナは世代をつなぐために繁殖をしている。世代をつなぐためには、生産された種子はすぐに死

図 3-3　ブナ豊凶現象の究極要因である生態的原因仮説

んでしまうのではなく、成熟した木まで育つ必要がある。

　さて、ブナの種子であるドングリは森林にすむイノシシやネズミといった獣に好んで食べられる。もしブナが毎年同じ量だけ種子を生産するとどうなるだろうか？　森林にすむ獣は毎年これを食料として期待できるため、獣の個体密度も安定して高く維持されてしまう。どの年も森の中にすむ獣の数が多いということだ。結果として、ブナは生産するドングリのほとんどを獣に食べられてしまい、次の世代を残すことができないだろう。これでは「世代をつなぐ」というブナの希望はかなわない。

　一方、豊作年と凶作年というドングリの量のむらを作ればどうなるだろうか？　凶作年では多くの獣が飢え死ぬことが予想される。つまり、ブナは凶作年をもつことで森林にすむ獣の個体密度を下げることができるのだ。獣の個体密度が下がったタイミングでドングリを大量に作ったとしよう。そうすれば、森林内の獣の少なさに対して生産されるドングリは莫大であり、獣がこれをすべて食べつくすことなどできようがない。結果として、ブナは獣の食害を逃れるドングリの量を増やすことができる。種子が将来成熟した木まで成長する可能性が上がるということだ。

この仮説では、ブナが繁殖を成功させるためには森にすむ獣による食害を回避する必要があり、そのためには、豊凶をもたなければならないと考える。

14 ブナの豊凶現象の至近要因と究極要因の仕分け

ブナの豊凶現象の三つの原因仮説を紹介したが、それらを至近要因と究極要因に仕分けてみよう。ブナの豊凶現象は、ブナの樹体体内の資源量という「生理的条件」と「気温条件」との相互作用からなることに気が付いただろうか？　こうした豊凶を生み出すしくみのことをブナ豊凶現象の至近要因と呼び、生体内の生理的原因仮説は内的な至近要因、生体外の生理的原因仮説は外的な至近要因と呼ばれる。

残りの生態的原因仮説は、ブナが何のために豊凶を進化させてきたかを説明しており、究極要因となる。物理学などの生物学以外の自然科学には、至近要因はあっても究極要因は存在しない。**この「究極要因の有無」が、生物学と物理学などの他の自然科学との間で最も大きく異なる点である。**

15　至近要因を解明する：機能生物学

生物学には至近要因を解明する機能生物学と究極要因の解明を目指す進化生物学があり、これらは問題設定が異なることを先に書いた。これらがどう異なるのか、ブナの豊凶現象の解明を例に具体的に考えてみる。

機能生物学が研究を進める主な方法は実験であり、問題設定を含めて進め方も本質的には物理学と同じである。複雑な生物現象から研究対象とする現象のみを切り離し、研究対象の現象をできる限り詳細に研究していくのだ。

例えば、ブナの豊凶の内的な至近要因（つまりブナ樹体体内の資源量と開花の関係）を研究対象とするのならば、開花前後での樹体体内の資源量（窒素やリン等の栄養塩の量やデンプン量）の変化を調べたり、繁殖した個体としなかった個体の間で資源量を比べたりする方法が考えられる。仮説が正しいのならば、樹体体内の資源量は開花までは増加していくが開花後には激減するという予言を導ける。また、ある年に開花に至った個体は、そうでなかった個体よりも開花前の樹体体内の資源量が多いと予言することもできる。内的な至近要因の研究は、こうした予言の正しさを実験や観察で実証することで進められる。

外的な至近要因（つまり気候の刺激と開花の関係）は、内的な至近要因よりも重要かもしれない。例えば、花が咲けるようになるまで平均で五年間の資源蓄積期間が必要だとしよう。そうすると、この植物は毎年は開花することができず、平均して五年に一度咲くことになるだろう。ただし、この考えは、ある個体に注目したときに、その個体が五年おきに咲くことを予想するだけである。ブナ個体が一斉に、ある年に同調して咲き乱れることまでは予想できない。資源蓄積に五年かかる植物ならば、毎年全体の五分の一の個体が咲くほうが理に適っている。

つまり、内的な至近要因は五年に一度程度の開花頻度を説明できたとしても、一斉に咲く要因までは説明できないのだ。私たちがブナの豊凶現象でより大きく驚かされるのは、豊作年にはブナ個体が一斉に咲き、凶作年には一斉に咲かないという個体間の同調性のほうである。この同調性の要因解明が外的な至近要因にあたる。

同調性を説明するには、数年に一度しか起こらないような外部刺激を考えるのが手っ取り早い。例えば、毎年は起こらないような気象イベントがブナの開花の引き金になると考えるのならば、同じ森に生えているすべての木がその気象イベントを経験することになるので、ある森に生える木が一斉に咲くことを説明できる。この考えの下に研究が進められ、ブナの場合は、「開花一年前の四〜五月の例年より冷たい気温」がこの気候イベントにあたることがわかってきた。

この気象イベントが発見された経緯を紹介しよう。数十年に及ぶある地域のブナの開花情報とその地域の局所的な気象データが突き合わされ、開花前に必ず起こる気象イベントをすくい上げる試みが行われたのだ。ブナではこの方法で、開花一年前の四〜五月の例年より冷たい気温が外的な至近要因なのではないかと疑われ始めた。

しかし、この段階ではまだ帰納による一般化が行われたに過ぎない（気象データから、開花前に起こる気象イベントの一般化が行われたということ）。帰納による一般化だけで結論に達してはならないというは科学の鉄則だ（第2章14節参照）。そこで、本当にこの気象イベントが開花の引き金になっているか確かめる探究スタイルの実証研究が必要になる。これには例えば、エアコンやドライアイスなどの冷媒を用いて新芽の季節にブナを低温にさらし、一年後、冷気にさらされた個体が開花するか確かめる野外実験が想定できる。

至近要因の研究では、内的な至近要因と外的な至近要因を統合し、さらに下流にある開花へ至るしくみを解明することも必要だ。これは、内的と外的の開花至近要因が整ったとき、植物体内でどのような反応が起こり開花に至るのかを明らかにする研究を指す。例えば、開花にかかわるさまざまな遺伝子がブナの中でどのように統合され、開花が調節されているかを解明することをあげられる。つまり、至近要因が整った際にどのような経路で遺伝子が発現し、開花に至るのか？　逆に、至近要因が整わないときはなぜ開花に関する遺伝子が発現しないのか？　というたぐいの開花調節の分子機構の解明である。

16　究極要因を解明する：進化生物学

一方、生物現象の究極要因の解明を目指す進化生物学では、ブナは豊凶をもつことでどのような利点を得ることができるのかを考える。進化的に考えると、豊凶をもつブナの祖先と豊凶をもたないブナの祖先が共存した時代があったはずで、その時代に前者のほうが生存競争に勝ち残ったからこそ、ブナは現在も豊凶の性質をもつようになったはずである。では、なぜ前者が生存競争に勝てたのだろうか？　これに答える研究――つまり豊凶の性質をもつほうがもたないほうよりも生存や繁殖で有利となる状況を考えるのが進化生物学だ。

先にも述べたように、すべての植物が豊凶をもつわけではない。むしろ豊凶をもつブナは少数派である。だからこそ目立ち、多くの科学者を引き寄せてきた。冷静に考えると豊凶をもつことは必ずしも有利にならない。豊凶をもつマイナス面だってすぐに思いつく。

例えば、一生に生産する種子数を考えよう。もし、一度の繁殖で生産される種子の量が開花頻度に関係なく一定だとすれば、五年に一度しか繁殖できないのならば、一生に生産する種子の量は、毎年繁殖する植物の五分の一になる。これは明らかに不利である。

また、仮に前回の開花からの時間に比例して生産される種子の量が増加したとしても、それですべてのマイナス面が解消されるわけではない。豊凶をもつ植物は別のリスクにも晒されるからだ。樹体体内に資源が貯まっており、いつでも開花できる状態にもかかわらず、まれな気象イベントという開花の合図がないために開花していない植物は、資源を十分蓄えたまま開花前に枯れるというリスクを背負うことになる。例えば開花がいつでもできる資源状態のときに、運悪く台風により倒されることだってありえるのだ。こう考えると毎年咲くほうがリスク分散はできる。

こうした豊凶のマイナス面を考慮してさえもなお、豊凶は有利さをもたなければならない。そして、それを示す研究が進化生物学者の行う究極要因の解明研究だ。究極要因に関する実験は、野外実験や野外観察が主である。例えば、かつて豊凶をもつブナが生存競争に勝ったのならば、今も同じように勝つだろうという斉一的な考え（第２章15節参照）の下、豊作年と凶作年でのブナの種子の獣による食害率を比べたり、どちらのときに生産された種子が結局、成熟したブナまで育っているのかを確かめたりする研究が挙げられる。

17　進化を土台に考える

以上の説明をまとめよう。生物を相手にした研究とそれ以外の研究の違いを生み出しているのが、生物が四十億年のランダムではない過程に身を置き、その記憶をＤＮＡに刻んできた点――すなわち進化だ。だからこそ、生物現象の研究をするためには進化のセンスが必須となる。

また、生物現象には常に一組の至近要因と究極要因が存在することもわかってもらえたはずだ。至近要因の解明を目指した機能生物学と究極要因の解明を目指した進化生物学は、同じ生物現象に対峙してもまったく異なった問題設定と方法で進められる。もしあなたが生物現象を相手にした研究を行っているのならば、自分がどちらの立場にいるのかここで自問してみるといいだろう。

生物現象の解明のためには、至近要因と究極要因が共に説明されなければならない。どちらの立場にいる生物学者も、自らの問題設定だけではなく、もう一方の問題設定も理解しなければならない。これが、生物学なのである。あなたが生物現象に関する研究をしているのならば、自分の研究対象の至近要因と究極要因がそれぞれ何であるのか、自らに問うてみてほしい。

この章を締めるにあたり、最後にもう一度ドブジャンスキーの言葉を言おう。

「生物学では進化を土台に考えなければ、何一つ理解しえない」

第4章

進化はどうして科学と言える？

応用編

第4章　進化はどうして科学と言える？

○生物の進化を説明するダーウィンの進化理論

1　ダーウィンの進化理論

第4章は、第3章で学んだ、生物学とそれ以外の学問分野の間での決定的な違いである「進化」についてさらに考えを深めたい。特に、「進化」の概念を打ち立てたダーウィンの進化理論について、その論理展開について学んでいこう。

今から説明するダーウィンの進化理論は、第2章で紹介した仮説演繹の形になっていない。ほぼすべての科学が仮説演繹で進められると第2章で紹介したが、進化理論は例外なのだ。それでは、ダーウィンは進化理論をどのような論理展開で組み立てたのだろうか。ダーウィンの進化理論をじっくり眺めることで、科学の論理展開でまれに使われることがある「仮説形成」を紹介し、その理解を深めていきたい。

まずは、ダーウィンの進化理論について概要を解説しよう。チャールズ　ダーウィン（Darwin,

C.R.）はイギリス帝国海軍艦艇ＨＭＳビーグル号に博物学者として乗り込み、五年にも及ぶ南半球一周の航海を経験した。彼はこの経験とイギリス帰国後に行った膨大な資料整理・思考実験により、**（1）生存競争、（2）個体の唯一性（変異）、（3）自然選択、（4）遺伝、の四つから構成される進化理論**を構築し、一八五九年十一月に出版された『種の起源』の中でそれを発表した。それでは、この四つの構成要素がどのようなものか詳しく見てみよう。

（1）生存競争

すべての生物で、生まれる子の数はそれを産む親の数より多い。……そうでないと、世代が経つにつれて個体数が減少し、やがては絶滅してしまうから、当たり前と言えば当たり前だ。ただ、この当たり前のことにはじめて意義を見出したのがダーウィンである。

「生まれる子の数はそれを産む親の数より多い」という考えだが、その程度は種（シュ：生物を分類する基本の単位で、本書ではざっくりと「形態的に共通した個体の集まり」としておく。ただし、種とは何かを厳密に定義することは非常に難しく、「種問題」と知られている）によって異なっている。ゾウは少子のほうの極端な例で、一生に産む子の数はせいぜい数頭だろう。ただし、それでも子の数は親より多くなっている。ここからの話は少子の種でも多産の種でも親の数より子の数が多ければ成り立つのだけれども、イメージしやすい多産の種を取り上げて説明してみよう。

多産の種の極端な例にマンボウがある。マラカスを持って、踊り歌う「ウー、マンボー！」ではないほうのマンボウだ。諸説あるが、マンボウは一度に数億個の卵を産むとも言われる。さて、この数億個のマンボウの卵の運命はどうなるだろうか？　すべてが大人になると大変だ。仮に、一匹の親の一度の産卵で数億のマンボウが生まれ、それがすべて大人になるとする。そして、これらすべてがそれぞれ再び数億個の卵を産む。……これが数世代続くだけで海はマンボウで埋め尽くされそう。……しかし実際には海はマンボウで埋め尽くされてはいない。というよりもむしろ、マンボウに出会ったら当然テンションが上がるくらいのレァ〜な生物なのである。海はなぜマンボウに埋め尽くされないのか？　なぜマンボウはレァ〜な生物なのか？　答えは簡単である。生まれた卵のほとんどが死んでしまうからだ。つまり、生き物はたくさん生まれるけれどもそのすべてが大人になれるわけではないのだ。このことに気づいたダーウィンは、生まれてきた生き物たちは生き残り、大人になり、繁殖するための熾烈な競争にさらされていると考えた。これが「生存競争」だ。

(2) 個体の唯一性

生き物は同じ種であっても個体ごとに形質（姿かたちや生まれもった性質のことを指す）が少しずつ違う。学生時代のクラスのみんなを思い出せば、彼らの顔はみんな少しずつ違っていたはずだ。この個体ごとの形質の違いは変異と呼ばれている。ダーウィンは個体がそれぞれ少しずつ他と違うことを「個体の唯一性」として重要視した。「みんなちがってみんないい」と詠い感動を呼んだのは金子みすゞだが、「みんな違うことに、意味がある」なんて言ったのはダーウィンが世界で初めてだった。

ダーウィンは「生存競争」と「個体の唯一性」というオリジナルアイデアを合わせて、進化理論を構築していった。これら二つを結び付けるときに大切なのが次に紹介する「自然選択」というアイデアである。

(3) 自然選択

自然選択も、ダーウィンのオリジナルなアイデアである。生存競争の末、繁殖が可能となるまで生き残り、子を残せるものとそうでないものがいるとしたらそれらを分けるのは何だろうか？ダーウィンは、生存競争の結果を偶然とは考えなかった。「生き残り、子孫を残せた個体にはそれをなしとげるだけの理由があるはずだ」とその理由を考えたのだ。

ダーウィンがたどり着いた結論は、「生息する環境に適した形質をもつ個体ほど、それだけ生き残りやすい」という考えだ。後に、『種の起源』を読んだハーバート　スペンサー（Spencer, H.）は、生息環境に適合した変異をもつ個体が生き残り、繁殖することを「適者生存」と端的に言い表した。そして、生息環境に適合した変異をもつ個体が生き残ることは「自然選択」と呼ばれている。

（４）遺伝

ダーウィンによれば、環境に適した形質をもつ個体はそうでない個体に比べて多くの子を残せることになる。さらに彼は、自然選択された親が子を残すところにもアイデアを加えた。親のもつ環境に適した形質は子に引き継がれると考えたのだ。これが「遺伝」と呼ばれるものだ。自然選択と遺伝により、親世代に比べ子の世代のほうが環境に適した形質をもつことができるようになる。つまり、世代が経てば、形質が生存に有利になるように変化してゆくことになる。

以上のようにダーウィンは、生存競争、変異、自然選択、遺伝が多数の世代でくり返されることで、進化が起こると考えた。今では常識のようになっている進化理論だが、そうではなくダーウィンが提唱したのだ。ダーウィンの進化理論のすばらしさは単純明快さにある。優れた理論は往々にしてこのように単純でわかりやすいのだ。

ダーウィンの進化理論の肝は今紹介した進化のしくみだ。そして彼はこの進化のしくみの帰着として、現在見られるような多様な種が形成されたと論理を展開したのだ。

○進化理論は仮説形成で説明されている

2　進化理論は、仮説演繹か？

だが、ここで少し立ち止まってみよう。たった今紹介したダーウィンの進化理論が、まったく仮説演繹の形になっていないことを確認してほしい。

実は、ダーウィンの進化理論には仮説演繹ではなく、仮説形成という（名前こそ仮説演繹に似ているが、それとはまったく異なる）論理展開が使われている。ここからは、ダーウィンの進化理論をじっくり眺めることで、まれにではあるが科学で使われる論理展開の仮説形成について解説してゆこう。

3　新たな推論：仮説形成

ダーウィンの進化理論の論理構成を眺めてみると、それはおおむね、

・世界には生息環境と対応した形態をもつ多様な生物の種がいる

・第4章1節で紹介した進化理論が真だとすると、生息環境と対応した形態をもつ多様な生物の種の存在が説明できる
・よって、進化理論はおそらく真である

となっている。そして進化理論がおそらく真であるというもっともらしさ（蓋然性とも言う）を高めるために、進化理論が観察結果と矛盾しない例を次々と示している。例えばダーウィンフィンチだ。

ガラパゴス諸島（南米大陸から西に約千キロも離れた、太平洋の真ん中に位置する熱帯の火山性の群島で、大小十五の島と多数の岩礁からなる）に特有のダーウィンフィンチはスズメくらいの大きさの目立たない鳥で、十数種からなる。ダーウィンフィンチのくちばしは種によって異なることで有名だ。ダーウィンフィンチには、サボテンの蜜を吸うものからサボテンの中にいる虫を食べるもの、地面に落ちている種子や昆虫を食べるものまでさまざまな食性をもつ種がおり、種ごとに何を食べるかはだいたい決まっている。

数種のダーウィンフィンチが含まれる地《じ》フィンチというグループは地面に落ちている種子や這っている昆虫を食べ、種間で餌とする種子の大きさと硬さが異なっている。地フィンチのくちばしを見ると、大きさと形状が食べるものに合わせたように異なっている。サボテンフィンチと呼ばれる

図 4-1　ダーウィンフィンチは、食性によってくちばしの大きさや形が異なる。

種はウチワサボテンの花を食べるが、そのくちばしの形状は長くて曲がっており、花の蜜を吸うのに適している。昆虫を専門に食べるムシクイフィンチのくちばしはほっそりとしている。

ダーウィンは、こうしたフィンチのくちばしの形状・大きさその食性との間の対応に気がつき、こうした対応が持説の進化理論の結果、でき上がったと説いた。

『種の起源』には進化理論と、おそらくそれが正しいことを示す状況証拠とが記されている（『種の起源』には前出のダーウィンフィンチは紹介されず、代わりにマネシツグミの例が用いられている）。『種の起源』を読んだ者は、進化理論がダーウィンの示すさまざまな観察結果と矛盾しないことを根拠に「もっともだー！」「もっともだー！」とそれを受け入れるのである。

ダーウィンが進化理論で用いた論理展開は、十九世紀から二十世紀にかけて活躍したチャールズ　サンダース　パース（Peirce, C.S.）の提唱した推論「仮説形成」に当てはまる。仮説形成の一般的な論理構成は、

・(驚くべき）現象が観察された。
・仮説Aが真だとすると、観察された現象が説明できる
・よって、仮説は真だと考える理由がある
・そして、仮説Aがもっともらしい理由を実験や観察で示していく。

というものだ。仮説形成はアブダクション（abduction）や仮説発想、仮説推論、最善の説明への推論などとも呼ばれる。次の推論も仮説形成である。

・Aさんが何者かに殺された
・BさんがAさんを殺したとすれば、Aさんの殺人が説明できる
・よって、Bさんが犯人だと考える理由がある
・そして、Bさんが犯人であるもっともらしさを高めるために、Bさんは悪そうな顔をしている、Bさんは乱暴ものだ、BさんはAさんを嫌っていた、Bさんは常々Aさんを殺したいと言っていた

……といった状況証拠（観察結果）を提示する。

次も仮説形成だ。

・戸棚に隠しておいた薄皮饅頭がなくなった
・お父さん（私のことです）が薄皮饅頭を食べたとすれば、薄皮饅頭がなくなったことが説明できる
・よって、お父さんが薄皮饅頭を食べたと考える理由がある
・そして、お父さんが戸棚の薄皮饅頭を食べたもっともらしさを高めるために、お父さんは薄皮饅頭を日ごろから絶賛している、お父さんは福島に行かなければ入手できない薄皮饅頭をいつも「食べたい〜、食べたい〜」と言っている、お父さんは戸棚に薄皮饅頭が隠されていることを知っていた、お父さんは顔が悪い（これは事実だが薄皮饅頭とは関係ありませんね。人の顔のことをとやかく言うのはやめましょう）

……といった状況証拠（観察結果）を提示する。

仮説演繹と仮説形成……名前はよく似ている。しかも両者とも仮説を扱っているし、実験や観察といった経験も含まれている。ごっちゃになりそうだ。しかしこの両者は似て非なるものである。論理構成がどう違うか確認しよう！

おなじみの仮説演繹の論理展開をもう一度確認しよう。まず問題とする現象を説明する仮説が立てられ、その仮説が正しいかどうか検証するために実証可能な予言を仮説から演繹により導き出し、この予言の正しさを実際に観察や実験を用いて実証するというものだ。

それに対して仮説形成でも、やはりまず仮説が立てられる。次に仮説が正しいと考える、もっともらしさが実験や観察から検討されている。これが両者の仮説と実験の位置づけの違いだ。うーん。なんか混乱してきた人もいるかもしれん。大丈夫だ。あなただけではない。ここの所は結構みんながつまずく所だから、もう少しがんばって考えてみよう。

先ほどの殺人事件の例で考えよう。Bさんがどんなに A さんを嫌っていても、どんなに悪そうな顔をしていても、それを根拠にBさんが真犯人だと言い切るのは難しい。みんなも小さいころから、「人を見た目で判断してはダメだ」って言われてきたよね。姑息な真犯人Cさんがいて、彼が「この状況でAさんを殺しちゃっても、きっとみんなBさんが犯人だって勘違いするに違いないからAさん殺しちゃおー」って感じで殺しちゃった、ということさえありえる。実際の法廷では、仮説形成で使われるような状況証拠は弱い証拠力しかなく、これだけで有罪にするのは難しいと言われている。戸棚の薄皮饅頭だって、娘達が食べたのかもしれない……。

仮説演繹では、仮説が正しいかどうかは実験や観察をもとに絶対的・客観的に評価されている。それに対して、仮説形成では仮説の正しさっぽさ（正しいと受け入れるか、それとも、「ないな」

と却下するか）が実験や観察を用いて相対的・主観的に評価されている。仮説形成での仮説は絶対的に正しいと判断されることもなければ、かといって絶対的に間違っていると断罪されることもないのだ。つまり、仮説形成の仮説を信じるか信じないかはあなた次第なのだ。**仮説形成の論理展開では、「仮説の通り考えるのが、他のあらゆる可能性と比べても、状況証拠から考えても最も合理的だ」と言っているにすぎないのである。**このため、仮設形成は結論を推測しただけであり間違った結論を導く危険が大きい。

ちなみに、薄皮饅頭をお父さんが食べたことを仮説演繹するならば、例えばこうなるだろう。お父さんが薄皮饅頭を食べたという仮説を立てる。この仮説が正しければ、お父さんのウンコからは薄皮饅頭に使用された小豆の成分（例えば小豆のＤＮＡ）が発見されるという予言が演繹できる。実際に、お父さんのウンコの中の成分を調べてみる。お父さんのウンコからは小豆の成分が見つかった。お父さんが薄皮まんじゅうを食べたという仮説は間違っていない。私も薄皮饅頭でウンコを調べられるとは思わなかったのだが……。

４　仮説形成の活躍例　～大陸移動説と縄文海進～

先ほど説明したように、仮説形成の結論の正しさには問題がある。とはいえ、仮説形成は科学の発展に多大な貢献をしてきたのも事実である。**仮説形成が活躍するのは、検証されていない複数の仮説があるときに、どれが正しいかを相対評価する場合である。**

生物の多様性や生物の形質と生息環境の対応を説明する仮説には、第4章1節で紹介したダーウィンの進化理論以外に「デザイン仮説」というものがある。デザイン仮説では、生物は「インテリジェントデザイナー」により創造されたと考える。インテリジェントデザイナー？ これが何者であるかは私にもわからないが、何らかの知的な存在であるインテリジェントデザイナーがいるというぶっとんだ仮説だ。デザイン仮説では、インテリジェントデザイナーが生息環境と対応するような形態をもつ生物を創ったと考える。「生物は神によって作られた」という考えがこれに近いだろう。

デザイン仮説とダーウィンの進化理論のどちらが正しいのだろう？ 残念なことに、どちらか正しいか実験や観察により絶対的に判断する方法を私たちはまだもっていない。だから、どちらがもっともらしいのか二つを比べて判断するしかないのだ。そして、仮説形成を用いたダーウィンの進化理論は、手に入るだけの実験や観察結果を用いて、進化理論のほうがもっともらしいでしょ！ と主張しているのである。ここで言う手に入るだけの例には、例えば、第4章3節で紹介したダーウィンフィンチのくちばしの例やヒトの虫垂《ちゅうすい》が挙げられよう。ヒトの虫垂は、（最近は消化器系ではなく免疫系としての機能を虫垂がもっているという考えが出てきたものの）あまり大した機能はなく、かつ病気になりやすいというやっかいなものだ。もしインテリジェントデザイナーがヒトを作ったとするならば、なぜ病気のリスクだけがあり機能の乏しい虫垂をわざわざこしらえたのか説明ができない。一方、ヒトが虫垂をもつことを進化論では簡単に説明できる。つまり、ヒトの祖先である生物には機能していた虫垂が、食生活を変えたヒトでは使用されなくなり、退化し、機能を失ってしまったという考えだ。

進化理論以外にも、大陸移動説や縄文時代の海水面の上昇（縄文海進）などは仮説形成の成果だ。アルフレート　ウェゲナー（Wegener, A.L.）は一九一二年、南北アメリカ大陸とヨーロッパ・アフリカ大陸の海岸線の凹凸が一致するように見えることをおもな根拠に、これらの大陸がかつては一つの大陸であったことを唱えた。ウェゲナーは南北アメリカ大陸とヨーロッパ・アフリカ大陸が分離し、移動した原動力をうまく説明することができず、仮説演繹による大陸移動説の検証はできなかった。しかし、（1）大陸の海岸線の形、（2）各大陸に存在する地質帯の分布、（3）動植物の化石の分布や氷河の痕跡など、その当時得られる限りの観察結果が大陸移動説と矛盾しないことを根拠に、ウェゲナーは「この説はもっともだ！」と主張している。……しかし、残念ながら発表当時はウェゲナーの学説は世間から、「もっともではない」と一蹴されてしまったのだが……。ただし、一九六〇年代以降に大陸が移動するしくみであるプレートテクトニクス説が発達し始めると、大陸移動説は再評価されるようになった。

縄文海進の例はこうだ。今から一万五千年〜数千年前の縄文時代には多くの貝塚が作られたことが既にわかっている（貝塚は古代の人類の生活遺構で、当時の人々が捨てた貝殻等が積み重なったもの）。そして、今から六千五百年〜五千五百年前の時代に作られた貝塚遺跡の位置は現在の台地の上や縁に集中しており、海岸線から六十キロ以上も奥まったところにさえ位置しているものまである。この時代の貝塚の位置から形成しうる仮説には、

仮説1　当時の人たちは、海岸で貝を集め、それを六十キロ以上離れた場所にわざわざ運び、捨てた。

仮説2　当時の海岸面は今から数メートル高く、貝塚が分布する場所はかつての入り江だった。

が挙げられよう。仮説1のもっともらしさのためには、縄文人が海から六十キロも貝殻を運ぶ合理的な理由が必要だが、こんなものは見つからない。一方、

（1）今より二〜三メートル高い位置に海面を想定すると（すなわち現在の標高二〜三メートルの高さ）、貝塚の位置と、想定海岸面がほぼ一致する（前述の現在の海岸線から六十キロ以上離れた場所も、今より二〜三メートル海面が高いことを想定した海岸面と一致する）

（２）この時代の関東地方の貝塚からは、今はほとんどこの地域には見られず、台湾などの亜熱帯の海で採られる貝の殻が見つかる

という観察は、仮説２の蓋然性を高めている。現在では、この時代は今より気温が二度くらい高い温暖な環境で、海水面も二〜三メートル高い、いわゆる「縄文海進」があったと考えられている。大陸移動説も縄文海進もどちらとも仮説形成による科学的なブレークスルーを示す例だ。

5　仮説形成が活躍するとき、仮説演繹が活躍するとき

仮説形成が活躍するのは、現時点の科学技術では実証不可能な現象について説明を試みるときだと述べた。つまり、仮説形成がよく用いられるのは、驚くべき事実に遭遇したものそれを説明するに十分な観や実験結果がないときに、その事実を説明するもっともありそうな仮説を形成する場合だ。また、科学技術の制約で直接確かめる術をもたない現象に立ち向かう場合も仮説形成に頼らざるを得ない。

一方、仮説演繹が得意とするのは、形成された仮説が生き残れるかの判定を実際の実験などから確かめる場合である。第２章17節のスノウのコレラの仮説や第２章21節のアントニオ猪木が最強で

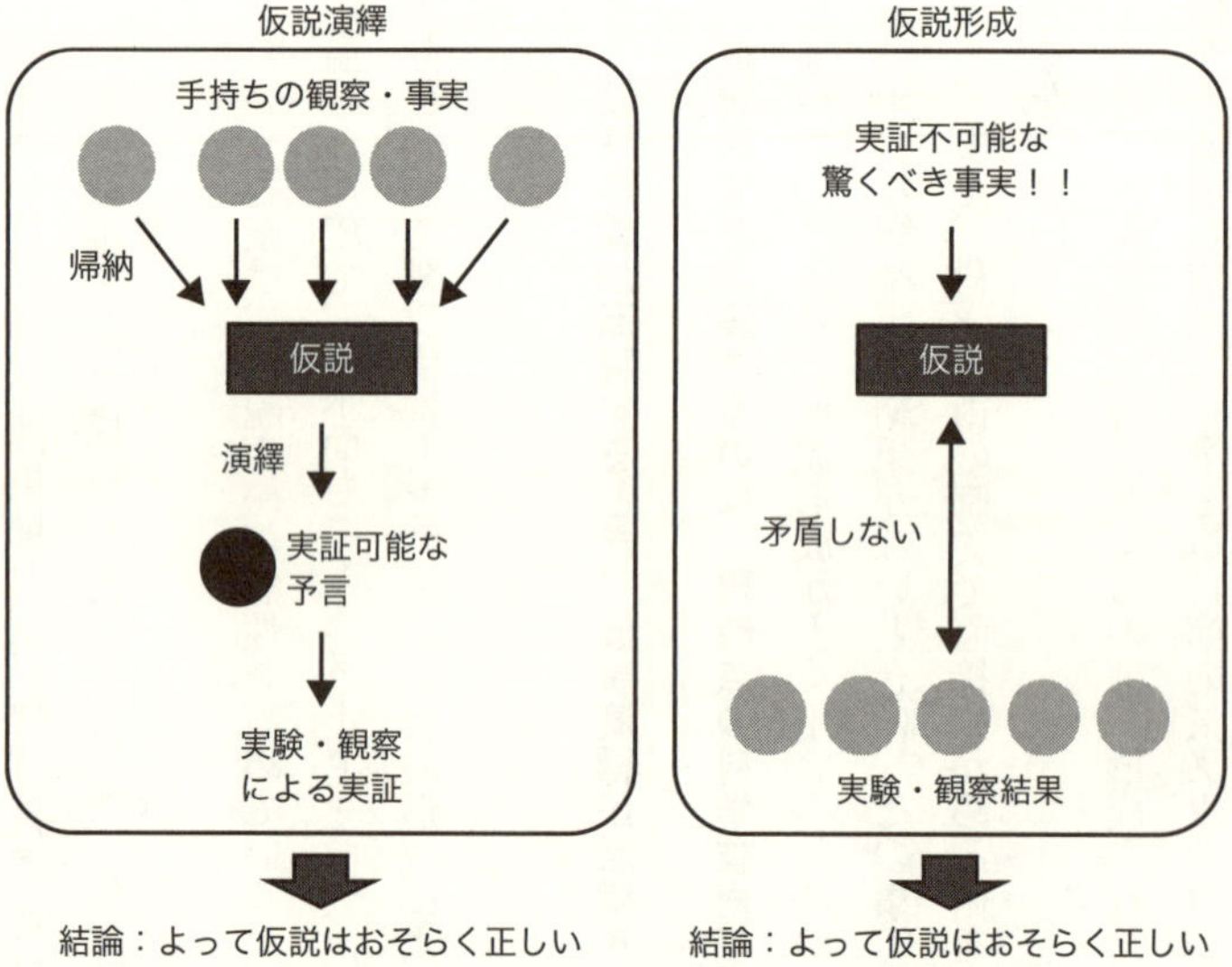

図 4-2　似ているのは名前だけ。仮説演繹と仮説形成の考え方

ある仮説、第3章13節のブナの豊凶現象の原因仮説のように、いったん仮説が形成されれば、そこから予言を演繹し、予言の実証をすることができる。つまり、仮説演繹と仮説形成では、活躍する機会が異なるのだ。

仮説形成は新たな考えを展開する場面で用いられ、形成された仮説の正しさには問題があるものの、「考える可能性を大きく広げていく」ための推論だとまとめられる。一方、**形成された仮説を研ぎ澄まし、洗練させていく場面で用いられる推論が仮説演繹**である。いわば、反証することで仮説を却下し、「考えるべき仮説群の選択肢を狭め、小さくまとめていく」のが仮説演繹だ。

6　進化理論は体のいい物語に過ぎないのか？

ダーウィンの進化理論に話を戻そう。第４章３節の議論から、仮説形成により作られた進化理論は、実は科学的な正しさがあいまいな、状況証拠から正しそうに見える仮説に過ぎないことをわかってもらえただろう。だとすると、進化理論は、生息環境と対応した形質をもつ多様な種の存在を説明する、体のいい物語に過ぎないことになる。こう考えると、「進化理論は神的なものを想定しなければならない『デザイン仮説』の科学レベルといったいどこが異なると言うのか？」という疑義を抱かざるを得ない。……どちらも、ただの「物語」のレベルに過ぎないはずだ。仮に、デザイン仮説が非科学と言うのならば、どうして進化理論が非科学にならないのだろうか。

ダーウィンの進化理論も仮説形成しただけで終わってしまったら、ただ新しいことを言っただけに過ぎない。「神様により生き物が作られたとさ」という物語が「自然選択により生き物が作られたとさ」という、いわゆる「……だとさ」という物語の内容だけが変わっただけで、科学的な進歩はない。科学ではもっともらしいことを言っているだけでは弱いのだ。進化理論が科学と認められるためには、仮説演繹の論理に試され、仮説演繹の論理的な枠組みの中でもなおも生き残ることができるのかということに尽きる。

それでは次節で、ダーウィンの進化理論が仮説演繹の反証の危険に晒されうるか、すなわち、実証的に検証可能かどうか検討してみよう。というのも、「ダーウィンの進化理論など所詮、反証不可能な、疑似科学である」という極端な評価さえあるのだ。

○反証可能性基準を使って、進化理論が科学かどうか確かめよう

7　科学と科学でないものの線引き：反証可能性基準

ダーウィンの進化理論は科学なのか？　これは今なお続けられている論争だ。生物の教科書にさえ記述されている進化理論に対して、「科学ではない」という意見があること自体に驚いたかもしれない。しかし、つきつめて考えていくと、科学であることが疑わしいいくつかの側面を進化理論がもっていることは確かである。それでは、ダーウィンの進化理論が科学かどうかを占ってみたい。

世の中には、科学っぽい感じがしないわけでもないが、それを科学と呼ぶのはいかがなものかなぁと躊躇《ちゅうちょ》してしまうものが結構ある。例えば、「死後の世界はある」とか「宇宙人はいる」とか「あなたには悪霊が取り付いている」といった命題を扱うものである。特に最後の命題は特定の個人に向けられていることもありインパクト絶大だ。もし私に向けて、「オマエの後ろに百体の悪霊がいるんじゃー」と言われたならば、「何とかしてほしい」と泣きつきたくなるだろうが、誰に泣きつ

くべきかさえもわからず途方にくれそうだ。悪霊が取り付くとどうなるか知らないのであるが、こう言われるとあまり気持ちのいいものではない。

こういったものは一般に疑似科学と呼ばれ、これらがいかに科学のふりをしたとしても科学と呼ぶことはできない。それでは、なぜこれらは科学とは呼べない疑似科学なのだろうか？　単純に、これらが「証明されていないから」だろうか？　それとも「間違っているから」だろうか？　しかし、これらは理由になり得ない。

証明されていない科学理論なんて山ほどある。一九六四年にピーター　ヒッグス（Higgs, P.）により提唱され、二〇一三年にノーベル物理学賞の受賞対象となったヒッグス機構は、その理論の正しさを証明するためにヒッグス粒子と呼ばれる素粒子を見つけなければならなかった。しかし、この素粒子は長らく見つからず、二〇一二年になってやっと見つかった素粒子がヒッグス粒子っぽいことがわかり始め、ようやく理論の正しさが確証されつつある。さて、証明されていないものは科学でないのならばヒッグス粒子が見つかるまでのヒッグス機構は科学ではないのだろうか？　そんなものにノーベル賞を与えてしまったのか？　いや違う。証明されていようがいまいにかかわらず科学は科学だ。

では、間違っているから科学でないのだろうか？　これも違う。なぜならば、科学と呼ばれるものには今は間違っていることがわかっているけれども、かつては正しいと思われていた考えがたくさんあるからだ。例として、天動説を挙げられよう。天動説は地動説が発表され、ケプラーの法則が発見されたことで立場を失ってしまったものの、それまではみなが認める大学説であり、当然、科学であった。間違っているものが疑似科学ならば、天動説も疑似科学になってしまう。それに、疑似科学を主張する側からすれば、その主張は(少なくとも彼らにとっては)正しいものだろう。「間違っているかどうか？」は、科学とそうでないものの境界にはなり得ない。

それでは、科学と呼べるものと呼べないものの違いはどこにあるのだろうか？　この疑問には多くの人が魅了され、考えが巡らされてきた。いわゆる、「科学の線引き問題」と呼ばれるものだ。これまでの努力のおかげで、科学とそうでないものを隔てるいくつかの線の引き方が考案されている。ここでは、科学と疑似科学を隔てる線の一つである、仮説演繹を判断基準とした線を紹介したい。この考えをざっくり言うと、「仮説演繹の論理にのせられるものを科学と呼び、そうでないものは科学とは呼ばない」という仕分け方法である。「仮説演繹にのせられる」とは、「仮説として設定した命題から演繹を用いて予言を導き、それを実験や観察で確かめることが可能」ということである。例えば、次の命題が科学の対象になりえるかを、仮説演繹にのせられるかどうかの判断基準に照らして考えてみよう。

死後の世界はある

つまり、死んだ後の世界＝「あの世」があるかどうかについて思いを馳せることが、科学的な問いになるか、考えてみよう。少し考えてみれば、この命題を仮説演繹にのせることが不可能なことに気がつくだろう。つまり、この命題を仮説としても、いかなる実証可能な予言も導き出せないのだ。

もしかすると、「死ねばあの世に行く」という予言を立てられるかもしれない。しかし、どうやってもこの予言を実験により確かめることはできない。例えば一回死んでみるという実験で予言の真偽を確かめる手はあるが、生き返る技術が確立されていないので、死んだ時点で実験が終わり、やはり予言の真偽は確かめられない。そう、私たちは一度きりしか死ねないのだ。どうせ一度しか死ねないのならば実験で死にたくない。どうせ一度しか生きられないのならば、あなたと笑って生きていたい。

それならば、半殺しになるという手もあるかもしれない。しかし、仮に半分死んでも半分生きているので、これも予言の検証にはならない。「半殺しになりましたがあの世には行きませんでした。したがってこの仮説は偽です」と主張したとしても、「全殺しにならないと、あの世には行けませんよ」と反論されるのがおちだろう。このように、この命題を仮説としても、いかなる観察可能な予言も導けない。仮説演繹にのらないということは、この命題の真偽が誰の目から見ても正しいという形で確かめられることはない。だとすると、この命題の真偽を判定するために、根拠のない言いたい放題の詭弁を振りかざすことになりかねない。不毛である。よって、死後の世界について扱うのは科学ではないということになる。

この思考実験から、科学とは仮説演繹にのせられて、正しいかどうかを実証的に確かめることができる命題を扱うものと明晰化できよう。しかし、冷静に考えると、この線引き方法には問題がある。第2章21節のアントニオ猪木最強説で確認したように、あまねく科学の仮説は正しいかどうかを確かめることができなかったはずだ（仮説演繹では、仮説が間違っていると否定されるか、否定されることから免れるかのどちらかである）。「正しいかどうか確かめることができるものが科学」という線引きに従えば、仮説演繹の方法で進められる科学はすべて「科学ではない」ことになってしまう。

そこで提案された新たな線引きを紹介しよう。今度は、「科学とは仮説演繹にのせられて、反証される危険をもつ命題を扱うもの」と定義する。つまり**「仮説演繹にのせることができ、その結果、偽であることが証明される（反証される）可能性をもつ命題に対峙するものが科学である」**という考えだ。この考えによれば、科学で扱う仮説は、間違っていることを実証的に証明される危険に身を晒すことができるものとなり、反証される危険があるものが科学ということになる。この基準はカール　ポパー（Popper, K.R.）が提唱したもので、**「反証可能性基準」**と呼ばれている。

とはいえ、反証可能性が科学かそうでないかを隔てる基準だと言われても、ピンと来ないほうが普通だろう。そこで、「反証不可能」とはどんなものを指すのかもう少し紹介しよう。「反証不可能」には先ほどの「死後の世界」の例のように「間違っているか判断できない（反証の条件がない・反証の条件をはっきり与えない）もの」に加えて、「間違えることができないもの」も含まれている。それでは、この「間違えることができないもの」について解説しよう。

さて、突然ではあるが、私が「私はジャングルでとある科学理論を編み出し、それにより、すべての人の過去が見とおせるようになった」と主張したとしよう。みなさんは、私の科学理論が正しいかどうか確かめるために、「それならば、私の過去を言い当ててみなさい」と問うことだろう。この場合、反証の基準ははっきりとしている。私の科学理論が正しいのならば、あなたの過去をピタリと言い当て、そうでなければ外れるということだ。反証可能性基準を満たしており、一見科学のように見える。

そこで、私が、「あなたは過去に大恋愛を経験していますね」と嘯《うそぶ》いたとしよう。しかし、多くの人はそのような経験をもっているのだから、私の回答はほとんどの人に当てはまってしまうことだろう。よしんば、「私は恋愛をしたけれども、それは大恋愛には程遠い」とか、「私は今までお付き合いというものを経験したことなどない」と答えられたとしても、私が、「あなたにとっては『大恋愛』には分類されない経験も、あなた以外の人にとっては熱く燃え上がった大恋愛といえるものです。あなたは人を愛する心の強い人なのですね」とか「お付き合いに至らないとしても、他者

図 4-3　どうとでも解釈できる説明は、反証不可能＝科学ではない

に気をかけたことがありますね。私の理論ではあなたの心の状態を探るので、そういったものも大恋愛に含まれるのです」などと場当たり的に答えてしまえば、うまく切り抜けてしまえるのだ。このように、たとえ自分の科学理論に対して不利な証拠が出てきたとしても、場当たり的（アドホック）な説明でそれを切り抜けるものに対して、私たちは「科学には程遠いな」と感じるのだ。そして、これが、「間違えることができないもの」の例なのである。

以上の「死後の世界」や「過去をのぞく」はとてもわかりやすい疑似科学の例であったが、本当に科学にこのような主張をすることがあるのかも気になることだろう。実は、マルクス主義やフロイトの精神分析の主張は上の例に非常に近く、「反証可能性基準」により科学ではないと退けられている。

8　反証可能性基準で、進化理論が科学かどうか占おう

(1)　進化の現象仮説と進化のしくみ仮説

長々と科学と科学でないものの線引きについて考えてきたが、そうしてきたのには意味がある。生物学の中心理論である「ダーウィンの進化理論」が科学であるのか、反証可能性基準の線引きを使って確かめてみたいのである。

ダーウィンの進化理論には、レベルの異なる二つの仮説が含まれている。ダーウィンの進化理論における一つ目の仮説は、「今いる種から新しい種が誕生する」というような「進化の現象」に関するものである。こう考えることでダーウィンは、現在見られるような多様な種が存在することを説明した。ダーウィンが進化理論を発表する以前は、生物のそれぞれの種は神様が創造されたという考えが（ヨーロッパでは）一般的だったから、ダーウィンの見立てた「種が別の種から誕生する」という考えは、その当時根本的に新しかった。

ダーウィンの進化理論の二つ目の仮説は、一つ目の仮説が真であったとき初めて成立する仮説で、ある種が別の種に変わる「しくみ」に関するものだ。新種が生まれるしくみは、第４章１節で紹介

した内容で、生存競争、個体の唯一性、自然選択、遺伝が何世代も続くことだ。この「進化のしくみ仮説」では、結果として、生物の形質が生育環境や生活の仕方と対応すると考える。

このように、ダーウィン進化理論には「進化の現象仮説」と「進化のしくみ仮説」という異なった二つのレベルの仮説が含まれているのだ。ここでは、それぞれについて、反証可能性基準に照らし合わせて科学かどうかを考えてみよう。

(2) 進化の現象仮説

① 進行中の進化は観測可能?

進化の現象仮説から考えてみよう。ここでの仮説は「今いる種から新しい種が誕生する」だ。ここから予言を演繹するのならば、それは、

種Aはやがて種Bに進化する

となるだろう。さて、この予言は実証可能だろうか? 可能か不可能かで仕分ければ可能だろう。しかし、実現可能性でいうと、とことん低い。ほぼゼロパーセントだ。

ある種から別の種に進化する現象は、多くの世代交代を経て少しずつ進んでいく。このため、と

てつもなく長い時間が必要だと考えられている。ショウジョウバエを用いた研究は、新種の誕生には早く見積もっても数十万年の時間が必要なことを示していた。では、誰がこんな長い時間が必要な実証実験などできるというのか？　無理である。進化の現象仮説は、実験的に再現することが不可能で、演繹された予言の真偽を確かめることができない。ということは、「あの世はあるか」の思考実験で陥った状況と酷似しているのだ。どちらも予言が演繹できたとしても、それを実証することができず、反証が実現不可能なのである。反証不可能な仮説は主張する者が好き勝手に論を展開できる。仮説を支持したい者は根拠なく仮説の正しさを主張するし、逆もまたしかり。これは不毛であり、科学ではない。

②　過去の進化は観測可能？

①で述べたことが、進化の現象仮説が科学ではないという根拠である。……いや、少し落ち着こう。「進化の現象仮説は科学ではない」と結論づけるのは早過ぎないか？　将来を見ようとするから行き詰まるのだ。仮説が真ならば、過去に起こった新種の形成を振り返ることでも仮説の真偽を占える。進化理論によれば、今あるすべての種は、他の何らかの別の種から誕生したはずだ。よし、過去を振り返ってみよう！

進化理論で過去を振り返る場合の予言は、

種Ｃは種Ｄから進化した

だ。今度はこっちの予言の実証を目指そう。

例えば、化石の資料に基づくと私たちヒト：*Homo sapiens* は数十万年前、*Homo heidelbergensis* から進化したらしい。ヒトの系譜に関する化石資料は穴だらけなので、将来の新しい化石の発見でこの系譜が大きく塗り替えられるかもしれない。だがとりあえず、ヒトは *Homo heidelbergensis* から進化したと考えよう。すると、ヒトが *Homo heidelbergensis* から進化したことを実証できれば、ダーウィンの進化理論は反証に耐えたことになる……しかし、どうやってこれを実証できるというのか？

私たちはタイムマシンという過去を遡る実験ツールを開発していない。それに、たとえタイムマシンにより過去に遡れたとしても、数万年がかかった現象を観察するにはやはり数万年の観察が必要だ。過去にさかのぼることも未来を観察することも時間がかかりすぎて実現不可能なのだ。過去にあったと予想される出来事が本当にあったかどうかは、今となっては闇の中だ。ところで進化のように、過去の出来事を対象とした専門分野も科学にはある。社会科学に属している歴史学だ（第３章２節参照）。それでは、歴史学では歴史（過去にあった出来事）をどのように科学にしているのだろうか？　歴史学者は遺された史料と照らし合わすことで、歴史的な出来事が本当にあったかどうかを考察する。史料にどれだけ近づけるかが、それが史実かどうか判断する鍵となるのだ。しかし、我々が文字を書き残す前に起こった *Homo heidelbergensis* からヒトへの進化に関する史料はとても限られている。現時点では化石という間接的な証拠に頼らざるを得ない。進化に関しては参照可能な歴史的資料はとても乏しいのだ。

過去を振り返ることによる進化のしくみ仮説の反証も厳しい状況であることがわかった。反証可能性から考えると、進化のしくみ仮説は科学ではないことになってしまう。……しかし、科学技術の進歩は日進月歩だ。将来、過去にあった種の形成を暴く何らかの研究方法が開発されるかもしれない。進化の現象仮説に対する、仮説演繹による検証はひとまず未来の人類に期待するしかない。現在の科学技術では残念だがこれくらいしか言うことができないだろう。

（3）進化のしくみ仮説

①　適者生存は科学になれない

それでは次に「進化のしくみ仮説」について考えよう。「進化のしくみ仮説」には論理的な瑕疵《かし》（誤りや欠陥）があるため仮説演繹できない。よって、これも科学ではないという考えがある。論理的な瑕疵？　詳しく紹介しよう。

進化のしくみを考えるときに頻出する言葉に「適者生存」というものがある。実は「適者生存」は、ダーウィンのオリジナルではない。ダーウィンの進化理論、つまり『種の起源』を読んだ、当代きっての社会学者で文学者でもあったスペンサーの言葉である。ただしダーウィンもこの言葉を受け入れ、種の起源の第六版からこの言葉を用い始めている。

適者生存とは読んで字のごとく、適している者が生存するという意味である。サクッと読むと「なるほど」と受け入れてしまう言葉だ。しかし、じっくり考えると、違和感を覚えてしまう言葉でもある。適している者とは何に適しているのか考えると、この違和感の出所がはっきりしてくる。何に対して適しているかといえば、生存に適しているのだ！　ならば、適者生存は「生存に適している者が生存する」となり、当たり前のことを言っていることになる。

もう少し解説を加えて、適者生存が示す「適している者が生存する」という命題をさらに掘り進めよう。この命題が意味することを明解にするためには、適している者（適者）が誰かを考えるとよい。その答えは「生存した者」となる。では、生存した者とは誰だろうか？　それは「適した者（適者）」である。この命題には「適者」と「生存」の両方が互いに定義をしあう関係があるのだ。そして、このために適者生存はどんなケースにも当てはまることになる。

適者生存がどんなケースにも当てはまると書いたが、それはどういう意味だろうか。生存競争の観察を考えるとわかりやすいだろう。生存競争を観察した結果、個体Aが生き残ったとする。ここで、「なぜ、個体Ａが生き残れたのか？」と問われたとしよう。その答えは、「個体Ａが適していたからだ」になる。それでは、「なぜ個体Ａが適していると言えるのか？」と問われれば、今度は「結果として個体Ａが生き残れたからだ」という答えになる。当然次は、「なぜ、個体Ａが生き残れたのか？」という最初の質問に戻ってしまう。適者生存では「適者」と「生存」が入り乱れ、いつまでたっても問答が終わらない。適者生存の論理展開は循環論法と呼ばれる誤謬なのである。この論理展開では、生き残りさえすれば自動的に適者と認定されるので、適者が生存することはどんなケースにも当てはまってしまうのだ。

「適者生存」のように、文の構造から必ず真にならざるを得ない命題はトートロジー（tautology：同語反語という意）とも呼ばれる。トートロジーは常に真にしかなり得ないので、検証する価値のない、科学的には無意味な命題となる。ズバリ、**「適者生存」は科学的には意味のないトートロジーであり、「適者生存」を含むことが、「進化のしくみ仮説」のもつ論理的な瑕疵なのだ。**

②　トートロジーの例：勝ったものが強い

トートロジーという言葉を初めて聞く人が多いと思うので、わかりやすいトートロジーの例を用いて理解を進めよう。次の命題もトートロジーだ。

春分の日の昼の長さは、夜の長さと同じである

なんだか意味ありげに聞こえる命題だ。本当かどうか確かめてみると、毎年必ず春分の日には昼の長さと夜の長さが同じになっている。科学的な大発見か⁉ というとそうではない。その理由は春分の日の定義を見れば明らかだ。私たちは昼の長さと夜の長さが同じ日を春分の日と定義しているのだ。したがって、上の命題は

昼の長さと夜の長さが同じ日の昼の長さは夜の長さと同じである

と書き換えることができ、これも必ず真となる当たり前のものだ。科学的にはまったく価値のないことを言っていることに気がつくだろう。

こういうのもトートロジーだ。一九七四年にサッカーワールドカップ西ドイツ大会が開催された。大会は下馬評に反してオランダが準優勝に甘んじ、西ドイツ（当時）が優勝した。世界の多くの人がオランダの優勝を確信していたので、この結果に落胆した人が多かったという。つまり、多くの人がオランダのほうが西ドイツよりサッカーが強いと思っていたのだ。

そんな時、優勝した西ドイツのキャプテン、フランツ ベッケンバウアーは

「サッカーは強いものが勝つのではない。勝ったものが強いのだ」という言葉を残したという。この、「勝ったものが強い」という言葉もなんか深いい感じがするが、必ず真となるトートロジーなのだ。当たり前のことを言っているに過ぎない。

話を適者生存に戻そう。

「生存に適している者が生存する」という命題は言葉の定義によって必ず真となるトートロジーで、どんな観察結果や実験結果もこの命題を真にしか成しえない。だから、適者生存には科学的な意味はない。適者生存に対するこの評価は確かに正しい。進化のしくみ仮説はこれを根拠に「反証不可能で科学ではない」と批判されることがある。

○進化理論は科学か？　今なお続く問い

③　今なお続く問い：本当に自然選択で進化が起こるのか？

適者生存がトートロジーだという批判は甘んじて受け入れるしかない。したがって、進化のしくみ仮説には、部分的にではあるが適者生存というトートロジーが含まれている。では、これを理由に進化のしくみ仮説全体もトートロジーで科学ではないと主張できるだろうか？　いや、全体として見ると進化のしくみ仮説は極めて健全なのである。

進化のしくみ仮説は、「生存競争」「個体の唯一性」「自然選択」「遺伝」の四つからなりたつ理論だ（詳しくは第4章1節を参照のこと）。適者生存はこのうち自然選択の、さらにその中の一部を構成しているに過ぎない。それ以外の部分はトートロジーではなく検証可能である。

まず、「生存競争」について考えよう。これを検証するためには、親と子の数を比べればよい。

親の数 ＜ 子の数

が成り立つことが、生存競争が起こる条件だから、親と子の数の比較で生存競争は検証できる。つまり、実際に親と子の数の比較をすることが、生存競争に関する反証の経験的テストになる（実際は親の数と子の数との比較ではなく、環境収容力と子の数の比較がふさわしい。環境収容力とは、ある環境で最大になれる個体数を指し、餌の量や生活空間の広さによって決められる（第8章10節）。大人になれる子の数はその環境のもつ環境収容力と等しくなっている。生まれてくる子どもの数が環境収容力を上回れば、生存競争が起こることになる）。

次は「個体の唯一性」の検証を考えよう。個体の唯一性を検証するためには、実際に、同種個体の間に形質の違いがあるかどうか確かめればよい。例えば、キリンの個体間で首の長さに違いがあるかどうか調べたいのならば、実際に多くのキリンの個体の首の長さを定量し首の長さのばらつきがあるかどうかを調べればよい。このようにして個体の唯一性を経験的に示すことはできる。「遺伝」だって、実証可能な現象だ。親のもつ形質が子に遺伝するか調べるためには、典型的にはグレゴール　メンデル (Mendel, G.J.) が行ったエンドウ豆の交配実験などが役に立つ。四つのうち、三つまでは反証可能な部分で成り立っている。

最後に「自然選択」について考えよう。もし、本当にダーウィンが予想したように生存競争の勝敗が個体の唯一性と関連しているのならば、つまり、より環境に適した変異をもつ者が選択されるのならば、その帰着として「適者生存」は当たり前だ。しかし冷静になろう。生存競争の勝敗は自然選択以外によってもたらされているかもしれないではないか。例えば、「偶然」が生存競争の勝敗を決めることだってあり得るはずだ。

「勝敗」が偶然に左右されることは、みなさんも経験からよく知っていることだろう。もちろん、実力が大きく違うものが競い合えば、結果は見えている。広島東洋カープと少年野球チームが対戦すれば、カープが負けることはないだろう。偶然が勝敗に関与することはなさそうだ。しかし、実力が拮抗してくると勝敗の予想は難しい。実力差が僅差ならば、たまたま地力に劣るほうが勝ってしまうこともあろう。これが偶然により勝負の結果が決まるということだ。受験をしたことがある人の中には、十分合格する実力があると判定された試験に失敗したという苦い経験をもつ人もいるだろう。十分合格する実力があるにもかかわらず試験に落ちたのだから、不合格の理由を実力不足に帰すことはできない。不合格はたまたま受験当日に調子が悪かったという偶然の理由によるものだろう。

偶然の要素が勝敗の結果に影響することは、生存競争にも当てはまるはずだ。つまり、生存競争の勝者は形質のもつ有利さではなく、偶然により決まっていることだって十分ありそうな話だ。

ダーウィンの進化理論を当たり前だと思っている人ほど、偶然により生存競争の勝者が決まるというアイデアを受け入れるのが難しいだろう。遺伝学者、木村資生《もとお》はこの常識を打ち破った人だ。彼は、「進化は自然選択ではなく、偶然によって進められる（こともある）」という分子進化の中立説を唱え、実際の観察データと数学を用いてその正しさを示し世界を驚かせた。木村資生の分子進化の中立説を説明するためには相当の専門知識が必要なので、詳細は別の本に譲ることにしよう。ここでは、生存競争の勝敗は自然選択以外の要因（例えば「偶然」）にも大きく左右されることが、数学的にもデータからも実証されているということだけ覚えておいてほしい。

以上をまとめよう。もし自然選択により生存競争の勝敗が決まっていれば、「適者生存」は当たり前だ。**しかし、本当に生存競争の勝者が自然選択により選ばれているのかは、いまだ明らかにはなっていない問題なのだ。**もし偶然により生存競争の勝敗が決定されているのならば、適者生存も受け入れることはできない。「適者が生存するわけではなく、運のいいものが生存する」ということになる。**つまり、検証すべきは「適者生存」ではなく「自然選択の有無」なのだ！**

「適者生存」はトートロジーで科学ではない。これは正しい見解だ。しかし、四つの個別の部分すべてが検証可能な命題から成り立つ進化のしくみ仮説は、たとえその中に「適者生存」というトートロジーが含まれていたとしても全体では健全な科学理論だと言うことができる。

④　反証の危険に晒されている進化のしくみ仮説

生存競争の勝敗が自然選択により決まっているかどうか、つまり、全体としての進化のしくみ仮説を実証的に検証する試みも続けられている。例えば、イギリス、マンチェスターの工業地帯では石炭の煤煙《ばいえん》のため町中が黒くなったことがある。もともと、この地域に生息しているオオシモフリエダシャクという蛾には体色が黒いものから白いものがいる。町中が黒くなったこの地域では体が黒いオオシモフリエダシャクが増えたのだが、これは煤《すす》で黒くなったマンチェスターの工業地帯では体色が黒いオオシモフリエダシャクが目立ちにくく、小鳥に捕食されにくいためであった。つまり、「小鳥による採食のされにくさ」という自然選択により、この地域に生息するオオシモフリエダシャクの体色が黒くなったのだ。オオシモフリエダシャク体色の変化は工業暗化《こうぎょうあんか》と呼ばれ、自然選択の古典的な例として知られる。

進化のしくみ仮説の実証の他の例には、ハワイ諸島に住むベニハワイミツスイというスズメくらいの大きさの鳥を挙げられる。花の蜜を吸って生活しているこの鳥は元来、キキョウ科ロベリアに属するハワイに固有の植物の蜜を主に吸っていた。しかし、残念なことにこの植物がハワイでは絶滅してしまったのだ。この絶滅とともに、ベニハワイミツスイは食べるものがなくなって絶滅したかというと、そうではない。器用に食性を別の植物であるオヒアに変えたのだ。オヒアは前者に比べると花管が短い。花の蜜は花管の先にたまるので、ロベリアに属する絶滅してしまった種の蜜を吸うためには、ベニハワイミツスイはそれに合わせた長いくちばしが必要であった。しかし、オヒアに食性を変更すると長いくちばしは必要がないばかりか、オヒアの蜜を吸いにくい。実際にオヒアの蜜を吸うようになってからのベニハワイミツスイはオヒアの花管の長さに合わせるようにくちばしの長さも短くなってきている。これも自然選択による形質の変化の例だ。

ここで紹介した例で見られるように、自然選択が生存競争の勝者を決めているのかどうかについて科学者たちが現在実証的な研究を進めている。全体としての進化のしくみ仮説は反証される危険に晒《さら》され、反証される試練に耐えているのだ。これらのことから、反証可能基準に照らして考えても、全体としての「進化のしくみ仮説」は健全な科学だと言えるのだ。

⑤　言葉の定義を変えて「適者生存」をトートロジーから解放する

適者生存の論理をトートロジーから解放しようという試みもある。適者を生存という言葉で直接定義してしまうがため、適者生存はトートロジーとなってしまうのだ。適者を生存とは関係ない言葉で定義すれば、適者生存はトートロジーではなくなる。

ベッケンバウアーの一件を例に、言葉の定義を変えてトートロジーから開放することを考えると、「サッカーの強さを試合の勝敗以外で測る」というやり方になる。「結果として試合に勝った」をサッカーの強さの尺度にするのではなく、それとは別の尺度、例えば、最近の試合におけるボール支配率とか、パスの本数、パス成功率、はたまた各選手の走行距離などの尺度で定量化するというやり方だ。こうすれば、サッカーの強さと勝敗は直接的に関係しなくなる。また、この新しい尺度で測ったサッカーの「強さ」が高いチームが、実際の対戦で勝つとも限らない。こうすることで「サッカーが強いチームが勝つかどうか」を確かめる科学的意味が出てくるのである。

これと同じことを適者生存で行えば、適者生存をトートロジーから解放できる。つまり、「適者」の定義を「生存した者」とせずに、それとは独立した別の尺度で示せばよいのだ。生物学者の考えた適者の尺度には「適応度」がある。適応度は、「ある遺伝する形質をもつ個体の一個体あたりの次世代に残す個体の期待数（単位は個体数）」として定義され、計算によって求めることができる。適応度が一・〇より大きければ、世代とともにその遺伝する形質をもつ個体が増えることになり、一・〇より小さければ、逆に減少することになる。

「適応度」を具体例を用いて説明しよう。キリンが長い首をもつことをダーウィン流に説明すれば、いろいろな長さの首をもつキリンがいた。この中で首の長いキリンが高いところの葉を食べられるため首の短いキリンより生存に有利となり、より多くの子を残せた。その結果、子孫には長い首という形質が広まり、やがて今見られるようにキリンは長い首をもつようになったであろう。なるほど、納得しそうな考えである。しかし、もし長い首をもつキリンが有利ならば、なぜ首の長さが十メートルを超えるようなキリンが現れないのだろうか？（キリンの首はせいぜい二メートルくらい）この批判に対する答えの一つは、首が長くなると逆に生存に不利なことも生じ、ある首の長さ以上になると長い首がもたらす不利さが有利さを凌駕するという考えだろう。例えば、首が長くなればその分体も大きくなるのだから、大きくなった体を維持するため、それだけ余分なエネルギーが必要になるだろう。首が長ければそれだけ高いところの葉を食べられるだろうが、生存のために必要なエネルギーも体が大きくなった分必要なのだから、もし餌にありつけなければ餓死するリスクが上がるかもしれない。

キリンの首の長さと適応度の関係を何とかして定式化することで、この考えを確かめることができる。例えば、「首がxセンチ高くなれば、その分高いところにある葉が食べられるので、一日あたり平均yキロカロリー分の葉を余計に食べられるようになる。しかし、体が大きくなった分、一日当たり平均zキロカロリー分のエネルギーが生命維持のために余分に必要になる」といった関係を定式化するのだ。こうすれば、首がxセンチ伸びることで得られるエネルギー（yキロカロリー）と失うエネルギー（zキロカロリー）の差が、首をxセンチ伸ばすことで得られる利益と考えることができる。この利益を繁殖にまわせるエネルギーと考えれば、首の長さを適応度と結びつけることができる。つまり、この関係式を用いれば、生存競争に最も有利な（適応度が最大となる）首の長さを数学的に決められるのだ。

次に、計算で求めた生存競争に最も有利な首の長さをもつ個体が、実際の生存競争で勝ち残るかどうかを実験や観察により明らかにする。生存競争に最も有利な首の長さをもつ個体が生き残ることが実験や観察で確認されれば、自然選択が生存競争の勝者を決める実証となる。

一方、生存競争に最も有利な首の長さをもつ個体が生き残ることができなかった場合は、首の長さと生き残ることとは無関係ということを示しており、生存競争の勝敗が偶然により決まると考えるべきということになる。この場合は、「自然選択は生存競争の勝者を決めていない」という証拠になるだろう。

9　小進化と大進化

第４章８節（３）の④で見たように、進化のしくみ仮説が反証に耐えており、どうやら正しいというのならば、その帰着として「今いる種から新しい種が誕生する」という進化の現象仮説だって正しいに決まっていると考えた人がいるかもしれない。しかし、進化のしくみ仮説だけでは、進化の現象仮説の証拠となるには弱すぎる。

進化とは、世代が経つにつれて形質が変化することを指すのだが、世代が経つにつれて形質が変わる程度の進化は「小進化」とも呼ばれている。小進化があるのだから大進化もある。大進化とは、新しい種の誕生、もしくはそれ以上（魚類から両生類が誕生する、など）の進化を指している。「進化のしくみ仮説」が正しく、「小進化」が進むのならば、その結果として進化の現象仮説、つまり「大進化」が起こりそうな気もする。多分、多くの生物学者も「小進化」が何万年も積み重なることで「大進化」が引き起こされると信じていることだろう。しかし、本当にそうなのかは、進化の現象仮説で考えたように実証されていないのだ。**進化の現象仮説の検証で求められているのは、その状況的な証拠や「そういう気がする」という程度のものではなく、実験や観察による実証なのである。**

第５章
仮説はどこからやってくる？

発展編

第5章　仮説はどこからやってくる?

○仮説が見つからない!?

1　仮説って何だ?

本書ではここまで、科学を行う上で知っておかなければならないことを詳しく紹介してきたものの、概論的なお話が主であったと思う。このあたりで皆様は、今まで学んだことを実際に研究に当てはめたとしたらどんなふうになるのかな? と気になり始めたところではないだろうか。そこでここからの発展編では、森林生態学を行っている私の研究を例に、実際の研究がどのようにして仮説演繹を用いて進められているのか学んでいくことにしたい。本書の狙いは生態学を学ぶことではなく、仮説演繹による科学の進め方を理解することにある。なるべく生物学や生態学が専門的になりすぎないように気をつけるし、どうしても専門的な知識が必要なときは、なるべく噛み砕いて説明していくので、がんばって読み進めてほしい。

ここまでに、みなさんは耳にたこができるくらい「仮説演繹」について聞かされてきたのだから、研究を行う上での仮説演繹の重要性は十分理解できているはずだ。きっと、「それでは、私もひとつ、仮説演繹を使った探究的な研究というのでもやってみましょうかね」という気持ちになっていると思う。しかし、実際に自分が研究をしようとするやいなや、大きな困難に直面することがある。それは、**仮説演繹を進める第一歩目となる「仮説」が作れないということだ。**これでは、研究を進めることはできない。

これはちょうど料理のレシピに似ている。料理のレシピは、例えば若鶏の香草焼きの場合、①若鶏の胸肉に粗塩と胡椒をよくすり込んでおき、②あらかじめオリーブオイルにタイム、ローズマリー、バジルをみじんに切ったものを漬け込み、③それを先ほどの若鶏によくなじませる……的な手順が紹介されている（すみません。正直に言います。若鶏の胸肉に香草焼きを作ったことがないので、このレシピは私のイメージです。この通り作っても、たぶんおいしくできません）。さて、このレシピにはあらかじめ若鶏の胸肉、タイム、ローズマリー、バジルが与えられたものとして書かれていて、それらをどこで入手してくるかまでは書かれていない。

本書でこれまで説明してきた仮説演繹もそうだ。あらかじめ仮説や予言が与えられているのならば、それを使って研究を進めるのは簡単だろう。しかし、仮説が与えられていない場合どうすればいいのだろうか？　若鶏の胸肉のようにお肉屋さんやスーパーで仮説は売られていない。

一般的には仮説は、

（1）帰納により形成される

（2）ひらめきや偶然から作られる

（3）既存のものが使用される（仮説を借りてくる）

ということが多い。今回は、これらの方法による仮説の作り方を解説していこう。

では、さっそく仮説の作り方の話に入りたい所だが、その前に、そもそも仮説って何なのかについて考えてみたい。

もしあなたが既に研究をしているのならば、研究室のゼミや卒論発表会、学会発表などで「仮説」という言葉を何度も耳にしただろう。「仮説」、「仮説」と何度も聞くのだから、それがいったいどんな概念なのかわからなくても、なんとなくわかった気になってしまうのが、「仮説」という言葉の怖さだ。ここでもう一度確認しておこう。科学で使う「仮説」の意味は一義的で、それは仮説演繹の論理における「仮説」という意味しかない。**仮説演繹の論理における「仮説」は、第2章16節で確認したように、帰納により導き出された、ある現象を説明するための仮定的な学説である。そして、「仮説」が正しいかどうかはわからないが、それが正しければ研究対象の現象が説明できる**というものだ。

さて、第2章で論じてきたとおり、すべての仮説は「正しい」か「正しくない」かに二分できるものではないのであった（仮説演繹では、仮説が誤っていないことが保障されるだけ。第2章20節参照）。ということは、あまねく科学の学説や理論もすべて仮説ということになる。今をときめく物理学の最新理論でさえ、それが誤っている可能性は捨てきれないのだ。私たちの科学的な知識は本質的にはすべて仮説で成り立っていると考えよう。結局、学説と呼ばれていようが理論と呼ばれていようが自分が思いついたものであろうが、ある現象を説明できる考えはすべて「仮説」と呼んでよいのだ。そう考えると、かの有名な「相対性理論」だって仮説と呼んでいいことになる。相対性理論に比べれば説明対象はずっと絞られるけれども、第3章13節で紹介したブナの豊凶仮説も立派な仮説だ。

仮説が何であるか明らかになったところで、仮説の作り方に話を戻そう。先にも書いたとおり、仮説は、（1）帰納により形成される、（2）ひらめきや偶然から作られる、（3）既存のものが使用される（仮説を借りてくる）ことが一般的だ。以下に、それぞれによる仮説の作り方を解説していこう。もしあなたが、もう既に研究を進めているのならば、自分が立ち向かっている現象に対する仮説が何であるか考えながら読み進めてもらえれば、理解が進むと思う。

○仮説の作り方：帰納・ひらめき・パラダイム

2　帰納により形成される

第2章16節で紹介したように、帰納を用いることが最も一般的な仮説の作り方だ。これは、**「手元のデータやこれまでの実験や観察結果をまとめ、そこから一般法則を見つけ出し、それをヒントに仮説を考える」**という方法を指す。もちろん帰納には正しさに問題があり、これだけで結論に達してはならない（第2章14節）。しかし、今は仮説を作る段階であり、あとで仮説演繹の論理展開で検証すればよいのだから、正しさは二の次でよい。それに、開き直ってしまえば、正しいかわからないからこそ我々は、これを「仮説」と呼んでいるのだ。

さて、データから仮説を形成した例を紹介しよう。これはある大手スーパーが自社の販売データを分析した話である。スーパーマーケットのレジには商品購入に関する膨大なデータが集められている。この販売データの中に、「○○曜日には△△がよく売れる」とか「雨の日は××の売り上げが減る」といった、何らかの一般法則がないかどうかを分析していくと、おむつを購入する人はビールを購入することが多いことがわかった。おむつとビール？　奇妙な組み合わせだ。奇妙なものの、実際この組み合わせ買い物をする客が多いのだ。ここから仮説を作るのならば、それはそのまま「おむつを買う人はビールも買う」仮説だ。

この仮説が成り立つしくみはわからない。ただ、この仮説が成り立つのならばビジネスチャンスだ！　試しにこのスーパーは、おむつ売り場の近くにビール販売棚を設置した。すると、実際にビールの売り上げが増えたのだ！

以上のお話を仮説演繹の論理展開に組み立てると以下のようになる。

販売データを用いた帰納により、「おむつを買う人は、ビールも買う」仮説を立てた。もし、この仮説が真ならば「おむつ棚の近くにビール棚を置けば、売り上げが伸びる」という予言が演繹される。実際に店舗で予言の正しさの実証研究を行った。売り上げが伸びた。予言は真である。よって仮説は間違っていない。

以上のお話は、一九九二年にウォールストリートジャーナルに実際に掲載された話だ。この話のように、データにはビジネスチャンスにもなる仮説のもと　＝　宝が詰まっているのだ。そして、今となっては、おむつとともにビールが買われる体のいいしくみも次のように提唱されている。

おむつは結構かさばる。母親はかさばるおむつを自分では購入しに行きたくないので、父親に頼みがちだ。父親も親だ。喜んでおむつくらい買いに行く。おむつを買いにスーパーに来た父親は、

「俺って、世間で言うところのイクメンってやつじゃないの？　イクメンの俺っていけてるよね。いけてる俺にはごほうびを！」ということになる。スーパーにおける父親の自分へのご褒美は、ビール購入である。というわけで、おむつを買いに来た父親が、ビールを一緒に買うというしくみらしい。全国のお母さん、お父さんにおむつのお使いを頼むときは、「ビール、足りてるからね」と一言加えると、出費を抑えることができますよ！

また、こういうのもデータから仮説を帰納する例の一つだ。私は薄皮饅頭に目がない（第4章3節でも紹介しましたね）。薄皮饅頭を見ると、今まで食べたことのないお店のものでもついつい買って食べてしまう。今、買わんとする薄皮饅頭もきっとおいしいはずであり、そう考える根拠は「今まで食べた薄皮饅頭はすべておいしかった」だ。

初めてお目にかかるお店の薄皮饅頭さえついつい買ってしまう私の癖を仮説演繹的に表現するとこうだ。

まずは、「今まで食べた薄皮饅頭はすべておいしかったという経験（データ）から、『薄皮饅頭はすべておいしい』仮説を立てる」になるだろう。そして、この仮説から、「今日はじめてお目にかかる薄皮饅頭はまだ食べたことはないけれども、おいしいに決まっている」という予言を演繹する。そこで、このはじめてお目にかかった薄皮饅頭を購入・実食し、予言の実証実験を行い、実際に食べてみるとおいしかった（予言は真であった）。

このようにして、私の「薄皮饅頭はすべておいしい」仮説は生き残ることができた。私の薄皮饅頭をついつい買ってしまう癖も、こう書くと、なんだか許されてしまう錯覚に陥りますね……。

この「薄皮饅頭はすべておいしい仮説」は私の経験（データ）を帰納して作られたものだ。こんな具合に帰納は、レジの数値や経験といった「データ」から仮説を作っていく。

3　一度きりの生命誕生仮説

帰納からの仮説形成の例としてもう一つ、生物学での例を紹介しよう。少し長くなるが、この話は生物を考える上で重要な「一度きりの生命誕生仮説」につながるものなので、辛抱強く読んでほしい。

わたしたちの遺伝子の本体であるＤＮＡは、タンパク質の設計図だということをすでに第３章８節で紹介した。では、具体的にはどのようにしてＤＮＡからタンパク質が作られるのだろうか？タンパク質は、アミノ酸がいくつもつながった形をしている（図5-1）。このアミノ酸のつながりには配列（順序）があり、アミノ酸配列と呼ばれている。ＤＮＡも、ＤＮＡ自身の構造である塩基配列という配列構造をもっており、この塩基配列をアミノ酸配列の情報に置き換えることで、タンパ

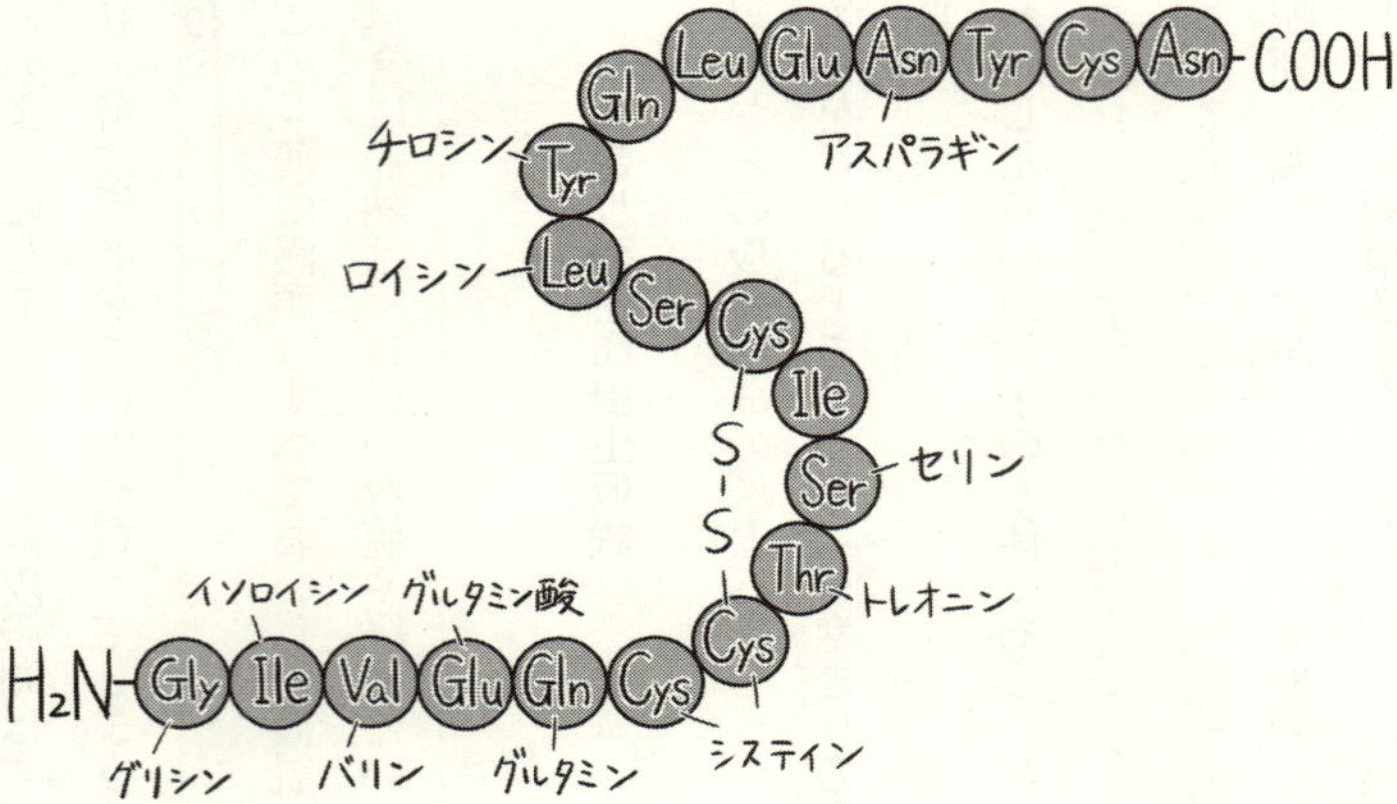

図 5-1　タンパク質のアミノ酸配列：ヒトのインシュリンＡ鎖の例

ク質を作っているのだ。

塩基配列を理解するために、ＤＮＡの構造を見てみよう（図5-2）。ＤＮＡは、多数のヌクレオチドという分子が一列に結合した、ポリヌクレオチドと呼ばれるものからできている。そして、このポリヌクレオチドが二本、右巻きのらせん状に対合したものがＤＮＡだ。ＤＮＡの基本構造となるヌクレオチドはすべて、デオキシリボース（糖）、リン酸基、そして塩基という部品からなり、そのうちの塩基にはＡ（アデニン）、Ｇ（グアニン）、Ｔ（チミン）、Ｃ（シトシン）、の四種類がある。これが塩基配列のもととなる四種類だ。塩基配列に物理化学的な制約はないため、この四種類は自由に組み合わせることが可能で、多様な塩基配列のＤＮＡを作ることができる。つまり、このＤＮＡの塩基配列こそが、タンパク質のアミノ酸配列

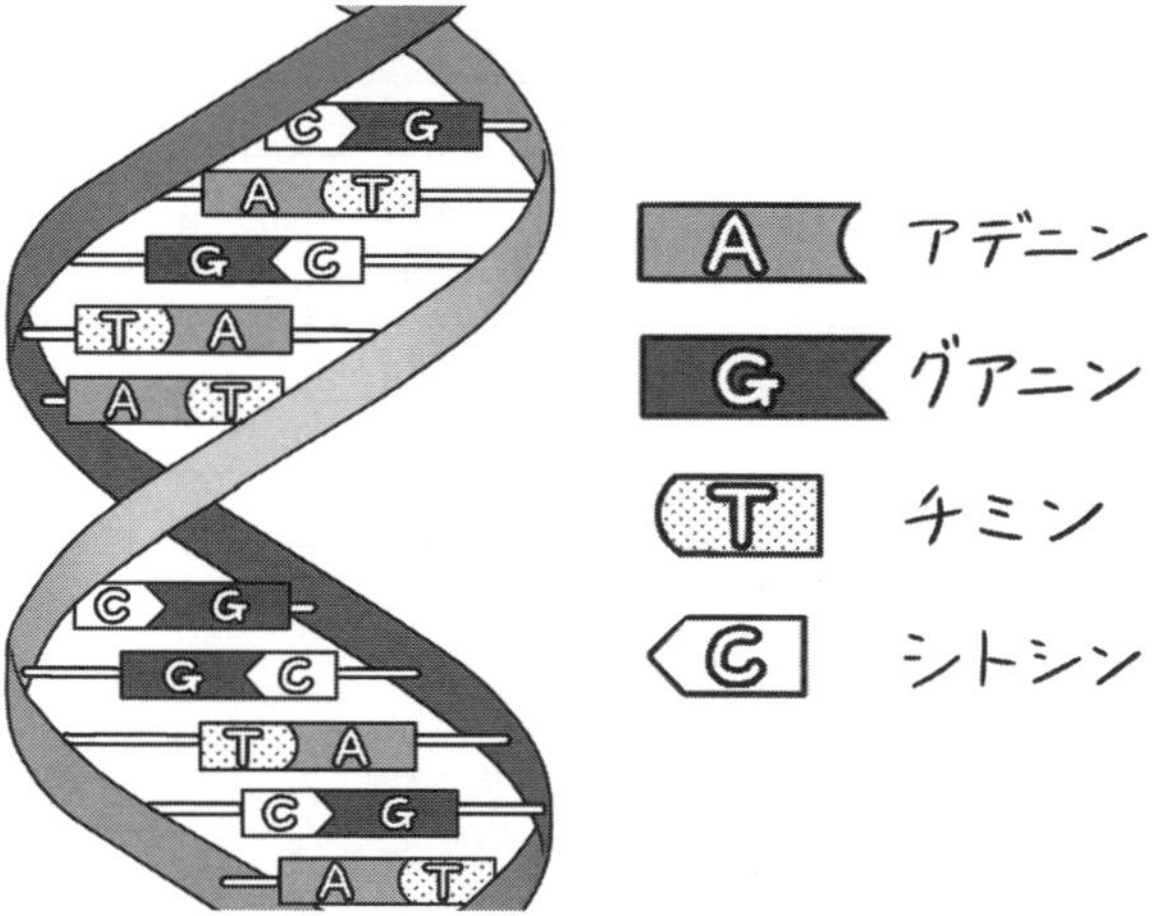

図 5-2　DNA の塩基配列

決定を決定する際に暗号のような役割をはたしているのだ。もっと簡単に言ってしまえば、ＤＮＡの塩基配列は、タンパク質のアミノ酸配列を決めるたった四文字（A、G、T、C）のアルファベットから書かれた非常に長い文章に見立てられるのだ。

それでは、ＤＮＡの暗号（塩基配列）はどのように書かれ、アミノ酸配列と対応しているのだろうか？　アミノ酸は全部で二十種類もある。一方、ＤＮＡの塩基は四種類しかない。調べてみると、連続した三個の塩基が一組になって、一つのアミノ酸に対応していることがわかった。この連続した三個の塩基の組のことを、コドンという。そして、どのコドンがどのアミノ酸に対応しているのかまでも現在では完全に解明されており、コドンとアミノ酸の対応は、コドン表という名前でまと

第1文字	第2文字				第3文字
	A	G	T	C	
A	AAA } フェニル AAG } アラニン AAT } ロイシン AAC }	AGA AGG } セリン AGT AGC	ATA } チロシン ATG } ATT } 終止 ATC }	ACA－ システイン ACG－ 終止 ACT } トリプトファン ACC }	A G T C
G	⋮	⋮	⋮	⋮	
T	⋮	⋮	⋮	⋮	
C	⋮	⋮	⋮	⋮	

第1文字がA以外は省略。

図5-3　DNAのコドン表

められている（図5-3）。

さて、長らくお待たせしたが、ここから先が帰納によって仮説形成を行うというお話である。実はこのコドン表は、今まで調べられたすべての生物に当てはまることが経験的にわかっている。「トンボだってカエルだってミツバチだって、みんなみんな当てはまっているコドン表」なのだ。いや、原始的な生物と言われる原核生物にもコドン表は当てはまる。このコドン表から大幅にずれる生物は、いまだ見つかっていないのだ。このため、コドン表は「普遍的遺伝暗号表」と呼ばれている。

さて、「今まで調べられてきたすべての生物は、コドン表に従っていた」という事実から、「コドン表は全生物に共通である」という帰納による一般化ができる。つまり、仮説を作るチャンスだ。この一般化から作られる最も単純な仮説は、そのまますばり、「コドン表は全生物に共通である」仮説だ。例えば、まだ遺伝的な暗号を調べていない生き物の種Aがいるとしよう。「コドン表は全生物に共通である仮説」から演繹される予

図5-4　トノサマガエルと、近縁なダルマガエル

言は、

> 種Aの遺伝的な暗号も、普遍的遺伝暗号表（コドン表）に等しい

だ。これは遺伝子の構造を調べることで実証可能であり、この予言が正しければ、「コドン表は全生物に共通である仮説」は反証の危機を回避したことになる。……しかし、ここで問題となるのがどの生物を研究対象とするかだ。例えば、このコドン表はトノサマガエルに当てはまっていることがわかっているとする。だが、トノサマガエルに近縁（進化系譜の関係が近い種）のダルマガエルに当てはまっているかどうかはまだ調べられていないことにしよう（図5-4）。ここでお気づきかもしれないが、まだ調べられていないからという理由でだけダルマガエルがコドン表に従っているのかどうかを調べるのは、かなり科学的なインパクトに欠けてしまう。トノサマガエルに当ては

まっているのだから、近縁な種のダルマガエルにも当然当てはまるだろうと多くの人が考えるだろうし、だからこそ、たとえコドン表がダルマガエルに当てはまっていても「まぁ、そうだろうね」となるだろう。

近頃、深さ一万メートルを超える深海やきわめて酸素濃度の低い場所、百度を超える熱水の噴出口などにも生物が生息することがわかってきた。こうした極限環境と呼べるような場所に生息する生物は、私たちから見ればかなり特殊である。私たちの体や生理活性を担う酵素はタンパク質でできているが、タンパク質は高温や高圧の環境では形が変わり、うまく機能できない。したがって、極限環境に生きる生物は何らかの工夫をしているはずであり、もしかすると代謝そのものさえ私たちとは異なるしくみになっているかもしれない。だから、こうした極限環境に生息する未知の生物種が見つかった場合は、「種○○の遺伝的な暗号も、普遍的遺伝暗号表（コドン表）に等しい」という予言を調べる価値があるだろう。

「コドン表は全生物に共通である」という帰納による一般化から、別の仮説を創出することもできるだろう。コドン表は全生物に共通である仮説が真だとすれば、そうなる理由はなんだ？　と考えを巡らせてみよう。本来、コドンとアミノ酸の対応は恣意的なはずだ。AAA(アデニン－アデニン－アデニン）というコドンは、コドン表ではフェニルアラニンというアミノ酸に対応している。しかし、AAAがフェニルアラニンをコードすることも、フェニルアラニンがAAAにコードされる必然もまったくない。ＡＡＡが別のアミノ酸をコードしていても別に不思議はないのだ。

つまり、コドン表ではたまたまＡＡＡがフェニルアラニンに対応しているに過ぎない。ＤＮＡの二重らせんを発見し、ノーベル生理・医学賞を受賞したフランシス　クリック（Crick, F.H.C.）もコドン表の示すようにコドンとアミノ酸の対応関係が固定する生物学的な必然性などどこにもないと主張している。もしクリックの言う通りならば、コドン表が種によって異なっていてもよさそうである。にもかかわらず、すべての生物に共通するコドン表が存在している。この理由は何なのだろうか？

普遍的遺伝暗号が存在する最も直感的な答えは「生物の誕生は一度きりであり、すべての生物種は、この生き物の子孫である」というものだろう。つまり、「すべての生物種が共通祖先をもち、この共通祖先の種がコドン表の通りの遺伝暗号をもっており、これが今いるすべての生き物に引き継がれている」と考えれば、普遍的遺伝暗号表の謎は説明できる。そして、この考えは、「一度きりの生命誕生仮説」と呼ばれている。

「一度きりの生命誕生仮説」から、さまざまな予言を導出することはできよう。例えば、「遺伝暗号表以外にも全生命共通の性質がある」ということも予言できる。コドン表以外の全生命共通の性質を見つけることは、一度きりの生命誕生仮説検証のための実証研究になるだろう。実はこれまでにコドン表以外に、

・遺伝物質としてDNAを利用している
・DNAの複製方法が同一
・エネルギーの通貨としてATP（アデノシン三リン酸）を利用している
・体外と体内を分ける膜構造がある

というような性質が発見されている（こうした共通的な性質は普遍的相同性と呼ばれている）。今後さらに普遍的相同性が発見されれば、それは「一度きりの生命誕生仮説」を支持するさらなる証拠になるだろう。

4　ひらめきや偶然から作られる：セレンディピティよ、舞い降りよ！

以上のように、帰納を用いて仮説を創出することが、仮説づくりの定石だ。しかし、「定石だ」と言われてもそうやすやすと帰納による一般化などできるものでもない。そもそも、研究対象とする現象に関する手持ちのデータがまったくない、なんてときさえある。研究を始めたばかりの卒論生などはこれに当てはまるだろう。

こういった場合に私たちは仮説を手に入れられないのかというと、そうでもない。過去の科学の大発見を振り返ると、仮説の出どころは帰納に限ったものでもないことが見えてくる。**思いつきやひらめき、偶然なんていうのが仮説の形成に役立っている**のが現実だ。

科学におけるひらめきとして、紀元前のローマの建築家ヴィトルビィウスの『建築の書』が伝える古代ギリシアのアルキメデスの話は有名だ。シアクサ（今のイタリア・シチリア島にあった町）の王であるヒエロンは金細工師に純金を渡し、純金の王冠を作ることを命じた。王冠は出来上がったものの、金細工師が純金に銀を混ぜて王冠を作り、純金の一部を盗んだとのうわさが王の耳に入ることになる。そこで、王はアルキメデスに「王冠を壊すことなく純金製であることを示せ」という難題を与えたのである。アルキメデスは解法が見つけられず悶々とした日を過ごすのであるが、ある日、風呂に入ったときに自分の体の体積の分だけ水が湯船からあふれ出ることに気がついた。なみなみに注いだ水に何かを入れると、入れたものの体積の分だけ水があふれるのだ。

同じ物質でできた同じ重さのものならば、形に関わらず同じ体積になる。アルキメデスはこれをヒントに王の難題を解こうと考えた。まず、アルキメデスは王冠と同じ重さの純金の塊を用意させた。同じ重さなのだから、王冠も純金の固まりも体積は同じになるはずだ。王冠は複雑な形をしていて、一見、体積を測ることが難しそうだが、なみなみに注いだ水に沈めて、あふれる水の量を計れば、王冠を溶かしてもとの塊にせずとも体積を調べることができる。実際にやってみると、純金製のはずの王冠と同じ重さの純金の塊では体積が異なることがわかった。この方法でアルキメデスはヒエロン王の王冠が混ぜ物が入ったものだということを示したのだ。
アルキメデスの逸話は、今でいう「アルキメデスの原理」が帰納から作られたのではなく、入浴時のひらめきであることを物語っている。風呂場でこの方法を発想したアルキメデスは嬉しさのあまり、「ユリイカ！（έύρηχα：ギリシア語で『わかった』の意）」「ユリイカ！」と裸のまま通りに飛び出たと言われている。それは問題行動だ。反省しろ！　アルキメデス！

ところで、子どものころ私がプロレスファンだったことは、読者のみなさんはもうよくわかってくれていると思う。私は体が大きくない。だから、子どものころに「自分の体が大きかったらなぁ」とよく妄想していた。体が大きければ間違いなくプロレスラーを目指していた。リングネームは「ジ・アルキメデス」だ。社会科の教科書に載っていたアルキメデス像の写真を見ながら、ジ・アルキメデスたる自分の姿を妄想したものだ。……頭にパンチパーマを当て、長いあごひげと口ひげを蓄えたジ・アルキメデスたる私はバスタオルを一枚腰に巻いただけ（に見えるリングタイツ）で湯上り気分を演出する。そして、入場ではヒエロン王から借りている王冠を片手に、「ユリイカ！」「ユリイカ！」と叫びながら入場するのだ。アルキメデスの原理の発見の嬉しさのあまり、前後不覚、ご乱心になっているという演出だ。そして、手あたり次第のものを、あろうことかヒエロン王から借り受けている大切な王冠で殴り散らすという乱暴者だ。王様の冠を乱雑に扱うとは不届き千万である。世が世ならば、打ち首ものの愚行だが、時代は昭和（私の子ども時代は昭和です）だ。打ち首

図 5-5　強いぞ！　ジ・アルキメデス！

られない。安心せよ！　ジ・アルキメデス！

ジ・アルキメデスには勝利の儀式もある。勝利の際に執り行われる「死の戴冠式」だ。「死の戴冠式」とは、対戦相手の健闘を称え、完全にグロッキー状態の対戦相手の頭に無理やりヒエロン国王の王冠をかぶせるという私が考えた儀式だ。無礼者、ジ・アルキメデス！　それは貴様の王冠ではない！　ヒエロン王からの借りものだ！　しかし、このとき会場のボルテージは最高潮に達する。会場に鳴り響く「ユリイカ！」コール……こんなこと妄想していたら勉強する時間はあまり残されていなかった。もうちょっと勉強頑張ればよかったかなぁ。

思いつき、ひらめきによる仮説の例をさらにいくつか紹介しよう。例えば、第４章４節で紹介したウェゲナーの大陸移動説の仮説形成はそもそも、「世界の大陸をまとめたら、パズルみたいにちょうど形がくっついちゃうんじゃないのか？」という「ひらめき」から生まれた。一九一二年に着想され、一九一五年に提唱された仮説は、一九六五年にプレートテクトニクス説が出される前は、理論の伴わないひらめきの学説であった。

十八世紀、ジョルジュ　キュヴィエ（Cuvier, B.G.L.C.F.D）は化石と地層の関係を丁寧に調べ、古い地層から発見された化石が新しい地層には現れなくなり、その代わり近縁の別の種の化石が新しい地層に出現することを見つけた。進化理論のない当時にこれを説明することは、ほぼ不可能だった。そこでキュヴィエは、古い種が消失するような出来事が起こった後に、その出来事を乗り越えることができた少数の生き物が世界に広がったと考えた。キュヴィエは古い種が消失する出来事として、天変地異（例えば聖書にも書かれているノアの洪水）を想定した。これが、「天変地異説」と呼ばれる彼の考えだ。「何だそれ？」と思われたかもしれないが、天変地異説は現在の科学理論に通じる前衛的な考えだ。最新の科学では、地球の歴史を振り返ると今までに少なくとも五度の大量絶滅があったとされ、それらの原因として隕石の落下などを「天変地異」と想定しているのだ。もちろん天変地異としてキュヴィエは神の力を、現在の科学は自然現象を重視するという違いはあるものの、多くの生物を絶滅させるような出来事を想定するところは共通している。このように、キュヴィエの天変地異説もひらめきによる仮説の形成だ。

偶然が仮説の形成のひらめきに寄与することもある。現在において抗生物質として大活躍しているペニシリンの発見を紹介しよう。アレクサンダー　フレミング（Fleming, A.）は、（偶然に）ペニシリンを発見した功績でノーベル賞を受賞している。フレミングは、研究室で肺炎や食中毒の原因ともなる黄色ブドウ球菌の培養していた。そのとき、培養していた場所（培地という）に偶然、アオカビの胞子が飛び込み、アオカビが付着した場所の黄色ブドウ球菌が死滅したことがペニシリンの発見のきっかけだった。……というのも、どうやら彼の研究室は激しく散らかっていたらしく、培地にカビが生えるまで部屋を掃除していなかったらしい。これがペニシリンの発見につながったというのだが……現代の感覚では細菌の培地がカビに汚染されるような実験環境は完全にアウトだろうけれども……。

二〇〇二年にノーベル化学賞を受賞した田中耕一の研究成果も偶然からのひらめきによることが大きいと言われる。タンパク質の質量分析装置の開発を手掛けていた彼は、誤った溶媒を作ってしまう。従来の科学理論ではこの誤った溶媒で実験をする意味はまったくなかった。しかし田中は、科学的な根拠はないものの、試しにそれを用いて実験を行ってみたのだ。そして、この実験がノーベル賞受賞の研究につながったという。こうした偶然によるひらめきや幸運による成功はセレンディピティ（serendipity：偶然に予想外のことを発見するという意）なんて呼ばれている。

ひらめきや偶然が仮説の形成や科学の大発見につながることがよくあることがわかった。ではどうすればひらめきやセレンディピティが舞い降りるのだろうか？　残念ながら相手はひらめきと偶然だから意識してできることではない……。こうしていれば必ず訪れるというわけではないだろうが、研究対象に真摯に向き合い、地道な努力をしていればきっと、ひらめきやセレンディピティは訪れるだろう。

5　仮説を借りてくる：パズル解きとしての通常科学

「もうかれこれ四年も待っているのに、お、思いつかない……仮説……。セレンディピティはまだ来ないのか……。もう今年で大学八年生。いつになったら大学を卒業できるんだろうか？　というよりも、私は大学を卒業できるんだろうか？」……ということになってしまったらどうしよう、とお嘆きのあなた。心配ない。通常、仮説は自分では作らない。「ん？　今までの説明と矛盾するな」と思ったかもしれないが、ぐっとこらえて読み進めてほしい。

仮説とは何かをもう一度思い出そう。「ある現象を説明できる考えは、すべて仮説と呼んでよい」ということだった。だから、あまねく学説や理論と言うものは、本質的には仮説なのである。したがって、あなたがゼロから仮説を思いつこうとして、この世のさまざまな現象を見て回らなくても、**教科書に書かれているような学説や理論を仮説として研究を進めてもよいことになるのだ**。実はこの方法が、最も一般的な仮説の作り方なのだ。

ただし、教科書に載っているレベルの学説や理論なのだから、仮説といってもほぼほぼ正しい考えのはずだ。そのため、学説や理論の正しさを従来のよく知られた方法で示したとしても、「その研究は、もう既に、○○さんによりなされているのではないのか？」となって科学的なインパクトに欠けてしまう。これでは研究というよりも、再現実験に過ぎない。そこで、工夫が必要だ。

工夫には例えば、「**よく知られる学説から、今まで誰も思いつかなかった予言を演繹する**」とか、「**よく知られている予言だが、今まで誰も思いつかなかった方法で、実証し直す**」というものが挙げられる。工夫の具体例としては、第8章で紹介する私の研究を参考にしてもらいたい。

教科書に載っているレベルの学説はほぼ正しいと書いたが、だからといって世界のすべてを説明し尽くしているわけではない。その学説ではうまく説明できない現象や説明不足の現象も存在する。そうしたことまでその学説でうまく説明できるようにしていく、つまり、学説に磨きをかけてより洗練した学説にしていくことが求められる。例えば、ダーウィンの進化理論で考えよう。発表されてから百五十年以上経つ進化理論であるが、この学説にもまだまだ磨きをかけなければならないことはたくさんある。ダーウィンが唱えたように「進化が自然選択により進められている」という説を確かめるためには、まだまだ実証研究が不足しており、第4章8節（3）④で紹介したように現在も地球のあちこちで進められている。それに、仮に進化が自然選択で進められているとしても、解かなければならないさらなる謎もたくさん残されている。例えば、ジョージ　シンプソン

(Simpson, G.G.) が問いかけたのような、今ある種から新種が形成されるにはどれくらい時間が必要なのかといった疑問である。

二十世紀にトーマス クーン (Kuhn, T) は科学の進歩の仕方について研究し、科学史の見方に大きな影響を与えた人だ。彼の見立てによると科学は革命により進歩するらしい。……科学革命など聞きなれない言葉であろう。クーンの考えた科学革命は次の通りだ。

現代、過去を問わず、ある時代の科学者たちは、彼らが信じてやまない、考えの規範となる学説をもっている。**クーンは、「それぞれの時代の科学者が広く信じている学説」をパラダイム (paradigm) と呼んだ。**その時代の科学者たちは当然、パラダイムが正しいと信じきって研究を進めている。すなわち、彼らはパラダイムを仮説に置いて探究型の研究を行っているのだ。ほとんどの科学者がこのタイプの研究を行っており、クーンはこれを通常科学と呼んだ。

しかし、思い出してほしい。学説は必ず正しいわけではない。パラダイムも同じことだ。パラダイムを信じて研究しても、どうしても説明できない現象にいずれはぶち当たる。

パラダイムでうまく説明できないことが増えてきて、パラダイムが行き詰り始めると、ある日突然、パラダイムの正しさが疑われ始める。「現象がパラダイムでうまく説明できないのは、私の実験結果がおかしいせいなのだろうか？　そうではなくて、パラダイムの方が間違っているのではないだろうか？　パラダイムが間違っていると考える方が合理的ではないだろうか」という疑いが芽生え始めるのだ。こんなとき、新たな学説が登場すると科学者たちは現金なもので、古いパラダイムを捨て新たな学説をパラダイムとして受け入れてしまう。そして、今度は新しいパラダイムに則った研究が進んでいく。つまり、新しいパラダイムの下の通常科学の開始だ。クーンは、パラダイムが変わることで、科学では大きな進歩が生じると考え、これを科学革命と呼んだのだ。科学革命の典型例が、第4章7節で登場した天道説から地動説への変化だ。

生物学でのパラダイムの変換を紹介しよう。「蛙の子は蛙」という、「凡人の子はやはり凡人である」という意味のことわざがある。生物学的には、カエルはカエルしか産まないし、カエルがヒトを産むことは絶対にない。また、ヒトの親子は他人より形質がよく似ていることが多い。カエルがカエルしか産まなかったり、親子が似たりすることは当たり前の現象だが、最近までそうなるしくみはわかっていなかった。昔の人は、親の体には自分の形質を子に伝える化学物質があり、それが子に伝わるのでこうした現象が起こると信じ、この仮想的な化学物質のことを「遺伝子」と名づけた。

かつての生物学者は、この仮想的な遺伝子探しに躍起になったが、一九五〇年くらいまでは遺伝子がどんな化学物質なのまったくかわからなかった。自分と似た形質を作らせる設計図の役割を担い、その設計図からこんなにも複雑な形質を作るのだから、遺伝子は当然、複雑な化学物質だと信じられていた時代があった。そのうち、生体内で最も複雑な化学物質はタンパク質だということがわかり、その結果、タンパク質が遺伝子の本体であるという考えに行き着いた。つまり、タンパク質が遺伝子であるというのがこの時代の規範となる考えであり、パラダイムだった。このパラダイムの下、多くの生物学者が遺伝子たるタンパク質探しに必死になっていた。しかし、そんなタンパク質が見つかるはずもない。みなさんも知っていると思うが、遺伝子はＤＮＡであり、タンパク質とは別の化学物質だ（第5章3節）。

しかし、この時代のほとんどの生物学者はパラダイムに引きづられ、ＤＮＡには興味をもたなかった。ＤＮＡは十九世紀にスイスのフリードリッヒ　ミーシャー（Miescher, J.F.）により発見され、その存在が広く知られていたものの、単純な構造をもつＤＮＡが遺伝子として働くわけがないと多くの生物学者が勘違いをしていたのだ。

遺伝子の役割を担うタンパク質がなかなか見つからず、多くの生物学者がイライラしていた中、一九二八年のフレデリック　グリフィス（Griffith, F.）や一九四四年のオズワルド　アベリー（Avery, O.T.）による肺炎双球菌の形質転換の実験が行われ、にわかにＤＮＡが遺伝子ではないかと疑われ始める。特にアベリーの実験は精密に行われていたため、多くの生物学者が遺伝子はＤＮＡであることを受け入れ始めたのだ。つまり、遺伝子がタンパク質であるというパラダイムが、遺伝子はＤＮＡであるというパラダイムに取って代わられた瞬間だ。遺伝子＝ＤＮＡのパラダイムの下での、その後の分子生物学の発展はきっとみなさんもよく知るところだろう。

ほとんどの科学者は、パラダイム（その時代の規範として存在する学説）を仮説に置いた通常科学としてのパズル解きをしている。卒論などで初めて研究する場合、あなたも当面はパラダイムを仮説において研究を進めることになるだろう。したがって、**研究を始めるにあたり大切なことは、自分の研究対象である現象に対してのパラダイムが何であるかを理解することである。**

生物学のパラダイムには、第３章13節で紹介したブナの豊凶に関する仮説や、このあとの第７章４節で紹介する種多様性の説明仮説があてはまる。自分の研究対象である現象に対するパラダイムが何であるか知るためには、専門書や学術論文などの文献をしっかり調査することが必要だ。こうすることで、自分の研究対象が今までどのように解釈・説明されているのか理解できる。自分の研究対象である現象に対するパラダイムが何であるか理解しなければ、研究を進めることなど到底できないと肝に銘じて、しっかり勉強を進めてほしい。もしあなたが既に研究を始めているのならば、あなたが対峙する現象に対するパラダイムが何か、ここで自問してみるといいだろう。

6　研究成果発表時にも大切な「仮説」

研究室のゼミや卒論発表会、学会発表などでよく聞くのが、

「あなたの仮説は何ですか？」

という質問だ。この時、質問者は言葉の通り、

「あなたの仮説が何であるか知りたい」と本気で思っているというよりむしろ、

「あなたの研究は仮説演繹の論理になっていますか？」とか
「あなたの論理展開がまったくわかりません。もしかして屁理屈を言っているのですか？」

という批判をしている場合が多いのだ。おー怖、科学者。

研究発表ではこの手の質問を受けないように特に注意しなければならない。そのためには、

(1) 自分が検証したい仮説が何であるのか？
(2) その仮説からどんな予言を演繹したのか？
(3) 予言の実証のためにどんな観察や実験をしたのか？
(4) 実験や観察はどんな結果であり、
(5) 最終的に仮説は反証されたのか？ それとも受け入れられたのか？

のすべてに注意を払い、わかりやすく話を進める必要がある。「仮説演繹の論理展開どおり話を進める」という流れは、卒論発表会や学会で口頭発表するときも、学術論文として掲載誌上で発表するときも、研究成果を伝える際に共通して最も大切なことである。

第6章

「適応しているから」という説明でいい？

発展編

第6章　「適応しているから」という説明でいい？

○生物学で登場する概念、「適応」

1　予言の実証の難しさ

前章では、仮説演繹の土台となる「仮説」の導き方を学習した。さて、前章の勉強のかいあって仮説をうまく立てることができたとしよう。しかし、残念ながらそれだけで研究がうまくいくとは限らない。仮説から予言を演繹し、その予言の真偽を実証する部分にも困難さは残っているからだ。本章では、「適応主義者のプログラム」を題材に、予言の真偽の実証の部分について考えてみたい。本章のテーマは、**「何をもって、予言が正しいと実証されたと言えるのだろうか？」**だ。

2　適応

「適応主義者のプログラム」のお話に入る前に、適応の概念を紹介しよう。**ある種の形質が、その**

種の典型的な生息環境や生活様式に都合よくできていることを、生物学では「適応している」と言う。適応の例として、草食のキリンが、高い所の葉を食べるのに都合がよい長い首をもつことをあげられる。適応は高校の基礎生物の教科書にも紹介される生物学の基礎的かつ重要な概念だ。

適応の例を示すことは生態学の主要な研究課題である。もちろん、適応の例を示す研究を行うために仮説が必要であるものの、適応をダーウィンの進化理論と結び付けて考えれば、「自然選択はその種の典型的な生息環境や生活様式に適した形質をもつ個体を選びだす」という、生物が適応することを説明する体のよい仮説をたやすく立てることができる。

さて、適応を示す研究を行うにあたって仮説を導くことができたわけだから、この仮説から、「種Aのもつ B という形質は、種 A が生存や繁殖していく上で利点がある」という予言を演繹して、仮説演繹を用いた研究を進めていけそうだ。しかし、ここで注意していかなければならないのが、「適応主義者のプログラム」だ。と、ここで早速、本題に入りたいところだが、その前に適応の概念に慣れるため、ジャン　バティスト　ド　ラマルク (Lamarck, J-B.P.A.M.) が紹介した適応の例をいくつか紹介しておこう。

3　ラマルク：生物のもつ形質とその生息環境の間の対応に気がついた人

ラマルクはダーウィンが『種の起原』を出版する五十年も前の一八〇九年に、生き物が進化することをそのしくみとともに世界で初めて発表した人だ。この意味でラマルクは偉大で、高校の生物学の教科書にも登場する超有名人……なんだけれど、高校の教科書ではまるで彼はダメ生物学者のような損な役回りを負わされている気がしないでもない。というのも、ラマルクはいまや間違っていることが明らかにされてしまった「要不要説」や「獲得形質の遺伝」を用いて持論を展開してしまったからである。その結果、ダーウィンはすごいけどラマルクは……ねぇ……みたいに教えられてしまう感じはぬぐえない。

しかし、ラマルクの進化理論をきちんと見ると素晴らしい考えなのである。彼は「生物は周囲の環境に合わせて自ら進化する」、と考えた。今となっては当たり前となっている考え方だが、彼の時代では、「生き物すべてが生活しやすいように、慈悲深い神が生き物を環境に合わせて創られた」という考えが一般的だったので、その当時では当たり前ではなかったのだ。さらに、「生物は周囲の環境に合わせて自ら進化する」という考えは、その五十年後に現れるダーウィンの進化理論と同じ見解でもある。つまり、この考えはダーウィンのオリジナルではなく、ラマルクの方が先だったのだ（ラマルクより前の十八世紀末に、ダーウィンのおじいさんにあたるエラズマス　ダーウィン

(Darwin E.）が進化が自然に起こることを主張していたのではあるが)。

さて、ラマルクは著書『動物哲学』の中で、持論である「生物が環境に合わせて自ら進化する」という考えを擁護するために、さまざまな生き物で見られる生育環境・生活様式と形態の対応（つまり、適応）を紹介した。ラマルクによれば鳥の足の形態は適応の典型らしい。例えば、アヒルや水鳥の足には泳ぎやすいように水かきが付いている。木につかまる習性をもつ鳥は水かきではなく爪が付く。干潟で暮らす鳥は少々泥にうずまっても平気なように長い脚をもっている……などである。これに加えてラマルクは、キリンの長い首、ヘビの細長い体、ヒラメの目の位置など実にたくさんの動物について適応の例を示している。『動物哲学』はこの部分だけ読んでも十分楽しいし、ラマルクの生き物への造詣の深さがよく伝わってくる。

4 適応主義

適応の概念をつかんだところで、「適応主義のプログラム」へ話を進めよう。**適応主義とは、生物がもつ形質について適応を重視して理解しようとする考え方**を指す。適応主義では、（1）ラマルクが示したたぐいの「生物の形質とその生息環境や生活様式の対応」と、（2）そうなる理由を説明したダーウィンの進化理論（第4章1節参照）を組み合わせて考えを進めていく。つまり、適

応主義では、

（1）生物がもつ形質は、その生物の生存や繁殖のための何らかの利益をもたらしており

（2）その生物がその形質をもつことは、自然選択によって説明できる

と考える。なるほど、ごもっともな見解だ。この立場に立てば、「自然選択の結果、生物のもつあらゆる形質は生存や繁殖に有利なものになっているはずだから、生物がその形質をもつことに対する理由を見つける研究が必要になる」という生態学や進化学の重要研究課題を挙げることができる。そして、生物のもつ形質の、まだ知られていない意味を探すことは、「適応主義者のプログラム」と呼ばれている。

例えば、私たちの鼻の下には上唇部に向かって「人中」と呼ばれる「溝《みぞ》」がある（図6-1）。ちびまる子ちゃんのキャラクター「はまじ」は、結構立派な人中をもっていると個人的に思っている。人中の機能を少なくとも私は知らないのであるが、人中もきっとヒトの生存や繁殖のために何らかの利益をもたらしていると考え、その未知の利益を見つける研究が「適応主義者のプログラム」に当たる。つまり、

種AがBという形質をもつのは、Cという機能のためだ

図6-1　人中とアイブラック

と明言するための研究が適応主義者のプログラムだ。

5　だったとさ物語

「なるほど、適応主義者のプログラムはおもしろそうだ。私もやってみたいなぁ。私たちは人中からどんな恩恵を受けているのかなぁ」と思われたかもしれないが、適応主義者のプログラムを履行するには注意が必要だ。

生物の形質が、あたかも何らかの適応をしているように見えることは多々あり、その上、このことを説明するダーウィン進化理論（第4章1節参照）は、単純明快でわかりやすい。そのため、自然選択の論を用いて、ある生物がもつ形質が適応的であるという適当なお話をでっち上げることは簡単で、さらに始末が悪いことに、周囲もでっち上げの話を受け入れやすい。

「お話をでっち上げる」とは穏やかではない。しかし、実際に**生物学では適応主義者のプログラムに対して強い批判があり、「適応主義者の結論は作り話程度に過ぎない」と言われることさえある。**

それでは試しに一つ、適応主義による生物の形質の適当なお話をでっち上げてみよう。

ジャイアントパンダを思い出してほしい。ぱっと見、目が大きく、たれ目に見えて、「ジャイアントパンダはきゃわゆいなぁ」と思ってしまうのであるが、あの部分はすべて目ではなく、目の周りに黒い毛が生えているから大きく見えるのだ（その真ん中にある本物の目をよく見ると、決して笑っていないことがあるので注意が必要だ！）。

さて、このジャイアントパンダの目の周りに黒い毛が生えている理由は意外な所にある。それは、まぶしさだ。ジャイアントパンダはまぶしいことを好まない。しかし、帽子をかぶるとかサングラスをかけるといった解決方法はジャイアントパンダには無理であるし、こうした方向への進化は現実的ではない。そこで、ジャイアントパンダが考案したのは目の周りを黒くし、光の反射を弱めてやるという方法だ。この方法は人間界でも実例がある。日中に競技しなければならないアスリート、例えば読売ジャイアンツの丸佳浩選手がデーゲームで付けている目の下の黒いステッカー、通称アイブラックと同じ効果だ。デーゲームなどまぶしい環境で野球をすると、目の下で反射した光でボールが見えにくくなり、見失ってしまうことがある。目の下での光の反射を防ぐためのステッカーがアイブラックだ（図6-1）。

アイブラックのようにジャイアントパンダは目の周りを黒くすることでまぶしさを回避しているのだ。科学者は、まぶしさを回避する目の周りの黒い毛はジャイアントパンダが日中に捕食者に襲われることを回避する効果を上げ、ジャイアントパンダの生存に重要な貢献をしてきたと考えている。

でっち上げてみた。でっち上げのお話ではあるものの、「科学者は……と考えている」などとまことしやかに書かれると、「ほー、そんなもんなのか」と納得してしまいそうだ。

しかし気を付けなければならない。私の根拠は「そう見える」だけで、それ以上のものはない。このお話のように**「そう見える」という観察結果と、自然選択という理由を合わせて体のよいお話を作るのは案外簡単なのだ。**

信憑性という点では、こうしたお話は絵本のお話と大して変わらない（例えば、松谷みよ子のおとぎ話、『ふくろうのそめものや』は、カラスが黒いことを次のように説明する。ふくろうは他の鳥たちの羽に模様をつける「そめものや（染物屋）」をしていた。そこに真っ白なカラス（カラスは染物屋に染色される前は真っ白だったという設定）がやってきて、羽を染めるように頼む。カラスはわがままで、染められた色、染められた色が気に入らない。ふくろうは最後には腹を立て、すべての染料を混ぜたものカラスに塗ってしまう。当然、カラスの羽は黒く染まってしまい、このとき以来カラスは黒くなったというお話)。

生物学者が行う「見た目を根拠にした適当な適応のお話作り」は「でっちあげ」とまで言われなくても、ジャングルブックの作者でノーベル文学賞を受賞したラドヤード キプリングの児童小説にちなんで、『だったとさ物語(a just so story)』なんて、世界中で呼ばれている。キプリングの『だったとさ物語』も『ふくろうのそめものや』のように、動物のいろいろな形質が出来上がった理由がおもしろおかしく紹介されたおとぎ話で、私の娘たちも大好きな本である。

○予言の実証を「適応しているから」で済ませてはいけない

6 パングロス博士のパラダイム

適応主義者の研究姿勢に対して最初に警鐘を鳴らしたのがリチャード レウォンティン(Lewontin, R.)とスティーブン グールド(Gould, S.J.)であった。一九七九年のことだ。彼らは特にそれ以外根拠が無く、ただ「そう見えるから」を理由に適応の物語を作り上げる研究スタイルを「パングロスのパラダイム」と呼んで揶揄《やゆ》した。パラダイムについては、第5章5節で解説したからおわかりだろう。「パングロス」の方は、ヴォルテールが十八世紀に著した小説、『カンディード』に登場するパングロス博士という想像上の人物に由来する。

パングロス博士は、「世界は神により、その目的にかなうように最善に作られている」と説く。この考えの下パングロス博士は、「鼻は眼鏡をかけるためにある。足は靴下を履くためにある」と説明する。確かに鼻がなければメガネはかけにくい。足がなければ靴下は履けない。しかし、普通に考えれば鼻は眼鏡のためにあるわけではないし、足だって靴下を履くためにあるわけではない。パングロス博士の説明は屁理屈極まりないと感じることだろう。しかし、パングロス博士自身はそう思わない。そうではなく「いずれ我々は眼鏡を利用するようになる。やがて我々は靴下を履くようになる。そのときに我々が眼鏡をかけることに困らぬように、靴下を履くことに困らぬように、あらかじめ神様が鼻や足を作ってくれていたのだ。神様は何でもお見通し！　神様最高！」と自説を説くのである。

一方、適応主義者は「自然選択により、生物の形質は、生物がその環境で生きるのに最適に作られている」と説く。「自然選択がそう作ったのだ」という考えは、まるでパングロス博士の再来だというのがレウォンティンとグールドの適応主義者への批判だ。つまり、パングロス博士の「神様最高！」が適応主義者の「自然選択最高！」に変わっただけだと彼らは指摘する。**適応主義者がとる、特に根拠もなく「自然選択は正しく、これを疑う必要などひとかけらもない」という信念の下、研**

図 6-2　枝をもたずに大きな葉を直接幹につけるヤシ（左）と枝を多くもつ樹木（右）

究を展開するのがパングロスのパラダイムというわけだ。

7　パングロス博士になりかけた

「適応主義のプログラムを展開してはいけない！」などと言うのは、いかにも上から目線かもしれないが、実は私自身がパングロス博士になりかけた経歴をもっている。それは、大学院を修了してからすぐの、まだ駆け出しの科学者の時代のことだ。そのころは植物の形態を調べていた。懐かしいなぁ。

そのころの私は、インドネシアの熱帯林で植物生態学の調査をしていた（この時に熱帯風土病であるマラリアという病気にかかって死にかけた）。私が研究対象に選んだ植物は、枝がまったくない、まっすぐ上に伸びる幹に直接葉を付けるという奇妙な樹形をしていた。ココヤシとかビロウみたいな樹形を思い浮かべてくれれば、あたらずとも遠からずといったところだ（もっとも、対象とした植物はヤシのような単子葉植物ではなく、双子葉植物だったけれども……　図6-2）。

ただ、枝を作らないといってもそれは若木の段階だけである。この植物は最終的には高さ四十メートルくらいまで成長するのだが、これくらいの大木になると多くの枝をつけている。対して、高さ数メートルまでは、まったく枝を出さず、幹に直接葉をつけていたのだ。私は「あまり他の種では見られない樹形だなぁ」と不思議に思い、高さ数メートルまで枝を出さないというこの植物の特徴には、この木が生き延び、大きな木にまで育つ生残や成長のためにどんな意味があるのかと考えてみた。そのときにたどり着いた体のいい物語が次の通りだ。

この植物は最終的には数十メートルの巨木に成長する。巨木に成長するために、この植物がどんな工夫をできるか考えてみよう。まずは、植物の成長と生残のトレードオフという考えを紹介する。トレードオフというのは、一方を満たすと他方が満たされないという関係を指す。本当なら、植物としては早く生長して長く生き残りたい（＝枯れにくくしたい）。しかし、いろいろな樹木の種の生長と生残を比べてみると、早い成長をする種は枯死しやすく、枯死しにくい種は早く成長できないというトレードオフの関係があることがわかっている。早い成長をするという性質と枯死しにくいという性質は同時に満たすことはできないのである。そうなってしまう理由は以下のように考えられている。

早く成長するにも枯死しにくくなるにも、資源となるデンプンの投資が必要となる。早く成長するということは、幹を早く大きくすることだから、幹にたくさんのデンプンを「投資」することが必要となる。一方、枯死しにくくするためには、栄養を作ったり吸ったりする器官である葉や根といった幹以外にたくさんのデンプンを「投資」することが必要になる。葉にたくさんデンプンを投資し多くの葉を作れば、多くの光合成ができ、デンプン不足で枯死しにくくなる。根にデンプンを貯蔵しておけば、植物体を動物に食べられた後の再生が早く行えるはずだ。

もし、植物が「投資」に使えるデンプンを無限に多くもっているのならば、幹にも葉や根にも十分なデンプンを投資でき、早く成長して枯死しにくいという性質を合わせもてるだろう。しかし、植物が投資できるデンプンは光合成により作られるので、その量は有限だ。限られたデンプンを幹に多く投資する種は、葉や根への投資が必然的に少なくなり、逆もまた正しい。こうして成長と生残のトレードオフが現れるというわけだ。

成長と生残のトレードオフを念頭に、植物が芽生えてから巨木にまで成長する間にできる工夫を考えてみよう。一つの工夫として、なかなか大きくなれないかもしれないけれども、葉や根にたくさん投資して、枯死することを避けることがあろう。その反対にある工夫は、枯死のリスクは上がるかもしれないけれども、幹にたくさん投資をして急速に成長することだ。

さて、私は成長と生残の投資の工夫と樹形を対応させて考えてみた。枯死することを避けるためには、将来の光合成を期待して光合成器官である葉を作ることに多くのデンプンを回せばよい。実際にこの工夫を植物が採ったのならば、どのような樹形が作られるだろうか？　幹に直接付けられる葉の量はたかが知れているから、この工夫をするのならば枝を作らないといけない。結果として、たくさん枝をはやした樹形ができ上がるはずだ。

逆に、早く高く成長するための工夫を採った植物の樹形はどうなるだろうか？　早く生長するためには、なるべく多くのデンプンを幹に回せばよい。できる限りのデンプンを幹に回すためには、枝への投資を止めることが必要だろう。この結果、枝をもたない樹形が出来上がるはずだ。

このようにして、研究対象の植物が枝を作らない樹形をもつ適応的な理由が見えた気がした。

そこで、以上の物語に基づいて「研究対象とした植物がなかなか枝を出さないのは、早く高く生長するための適応だ！」と論じた。そして、これを結論とし、イギリスの学術雑誌に誌上発表することにした。

投稿した学術雑誌で私を担当してくれた編集者はとても親切で、私がパングロスのパラダイムに陥っていることを丁寧に解説してくれた。編集者は「話はわかる。でも、『そう見える』だけの物語だよね」と諭してくれたのだ。編集者いわく、「アイデアはおもしろい。だから、本研究では枝を出さない理由の一つの可能性として提示しよう。しかし、この考えを裏付ける実証データが取れてから、『適応』という言葉を使おう」と、現段階で適応という言葉を使うことを控えることを助言してくれた。

私は「高校の生物基礎の教科書にも紹介されている、『適応』の概念は、プロの世界では、意外に使うことが難しいんだな」と、このときに初めて学んだのである。

○適応主義の欠点　①後からそうなった可能性：スパンドレル　②実証の難しさ

8　適応主義者のプログラムのどこがいけないのか？

パングロスのパラダイムに則った適応主義者のプログラムには二つの欠点があるといわれる。**第一の欠点はパングロスよろしく、「生物の形質は、適応的で最適にできている」という仮定をまったく疑うことなく受け入れている姿勢だ。つまり、適応主義者は自然選択以外の要因により形質が進化することへの視点が欠けているのだ。**ダーウィンが唱えたように、自然選択は形質の進化にとって重要な要素である。この考えは今や、多くの人が認めるところではあるが、それ以外の、例えば、偶然（第4章8節（3）③参照）や次節で紹介する歴史なども進化には重要なことも明らかにされている。

「えーっ？　偶然生じた形質の変化が適応的になるの（見えるの）？　そっちの方が屁理屈じゃな

いの？」と考えた人がいるかもしれない。しかし、それでもなお、レウォンティンとグールドは非選択的な力が、形質の進化に重要な役割を演じていると考えている。レウォンティンとグールドのこの視点については次節で詳しく説明しよう。いずれにせよ、適応一辺倒で他の可能性を考慮しない適応主義者の態度には問題がある。

適応主義者のもつ二つ目の欠点は、自分が思いついた適応的な物語を適切な根拠を抜きにして展開する点である。科学では、実験や観察といった証拠を用いて、誰の目から見ても結論が正しいと示すことが求められる。にもかかわらず、適応主義者のプログラムでは、その物語が正しいかどうかを実証する努力を怠っているという指摘である。

9　適応主義者のプログラムの一つ目の欠点：スパンドレル

レウォンティンとグールドが主張した進化に重要な非選択的な力とは、いったい何を指しているのだろうか？　生物は自由に進化できるわけではなく、さまざまな制約の下で進化せざるを得ない。草食の獣が、肉食の獣から身を守るために火を吐くように進化すればいいとは、ほとんどの人は考えないだろう。生物という制約の下で考えれば、火を吐く形質を進化させるのは現実的ではない。この例が示すように、進化を考える場合、忘れてはならないのが生物としての制約だ。そして、進

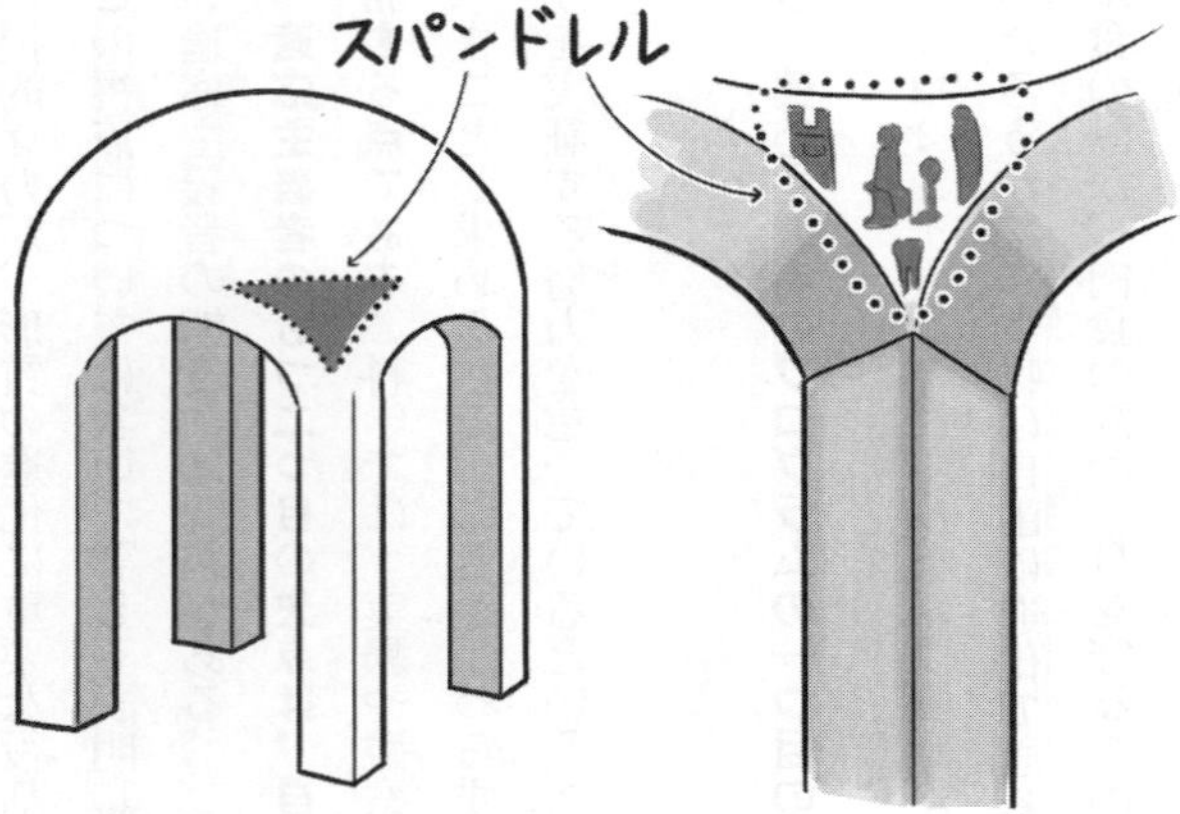

図 6-3　スパンドレル

化における生物学的な制約のひとつが、今から紹介するスパンドレルだ。

レウォンティンとグールドは、さまざまな進化の制約の中でも歴史的経緯の重要性を強調した。そして、その考えをイタリア・ベネチアにあるサンマルコ大聖堂の「スパンドレル」を用いて説明した。スパンドレル!?　また、カタカナ語が出てきたと思ったことだろう。「スパンドレル」も、日常で聞くことがほぼない言葉だ。解説しよう!

サンマルコ大聖堂には、四本の円形アーチ形の回廊が直交する部分の真上にドームを被せてある部分がある(図6-3)。この構造物を建てるとすると、隣り合う直交する二本の円形アーチ形回廊に囲まれた逆三角形の隙間が生じてしまうのは建築上どうしても避けられない。この逆三角形の隙間がスパンドレルと呼ばれているものだ。サンマルコ大聖堂では四本の回廊が直交するので、スパンドレルは四つ出来上がる。

さて、普通はスパンドレルには見事な装飾が施される。サンマルコ大聖堂のスパンドレルには、四つそれぞれに四人の福音書記者（Matthew, Mark, Luke, John）の誰か一人と聖書に書かれている四つの川（チグリス川、ユーフラテス川、インダス川、ナイル川）のどれか一つの川がセットで描かれている。四つのスパンドレルに四人の福音書記者と四つの川。この奇妙な一致に、「四人の福音書記者と四つの川を描くために、四つのスパンドレルを用意したんだ」と思う人がいるかもしれない。……しかし、現実はそうではない。スパンドレルが先にできたのである。スパンドレルが建築の制約としてまず出現し、それに合ったモチーフがスパンドレルに描かれたというのが正しい順番だ。つまり、装飾のためスパンドレルを用意したのではなく、スパンドレルができてしまったから、そこに装飾したのだ。

これがレウォンティンとグールドの言う歴史的な制約である。スパンドレルに施された装飾がいかに美しく見えたとしても、装飾は建築上の副産物に過ぎず、本来の目的ではないのだ。**建築上、スパンドレルが現れるのが先であり、それがあとから装飾に転用されたに過ぎない**。これが、スパンドレルの考え方だ。スパンドレルを生物の進化に当てはめるとどうなるのかを考える前に、身近にあるスパンドレルの例をもうひとつ紹介しよう。

10　スパンドレルの例：QWERTY配列

スパンドレルのように歴史的な制約により生じたにもかかわらず、適応的（機能的）に見えてしまう現象は巷にあふれている。その典型的な例のひとつは、パソコンなどのキーボードの配列である QWERTY 配列だろう（松本 二〇〇四）。パソコンのキーボードを見ると文字列の一番上は左から QWERTY……となっている。さて、この配列には何か意味があるのだろうか？　もしかすると、人間工学から考えて、文字を打ちやすいように最適な配列になっていると考えた人がいるかもしれない。残念ながら、「ブブーッ！」である。文字が打ちやすい最適な文字配列は既に知られており、それは QWERTY 配列ではない。実は、QWERTY 配列はスパンドレルと同じ歴史の制約の結果なのだ。

パソコンが登場する前にタイプライターという機械があった。私はぎりぎり、タイプライターが現役で働いているのを知る世代である。タイプライターでは、キーを打つとキーと物理的に直結しているアーム（細長い金属板）の先端に付いた活字が紙を叩きつけ、活字が印字されるしくみになっている。初期のタイプライターでは、隣り合うキーのアームが印字するときに絡み合ってしまう不具合が生じがちであった。このため、使用頻度の高いアルファベットはできるだけ隣同士にならないように配列される必要があった。さもないと、高い頻度でアームが絡み合って仕事にならない。

こうして出来上がった配列がQWERTY配列である。文字の打ちやすさではなく、アームの絡まりにくさから考え出された配列がQWERTY配列だ。

しかし、現代ではもうタイプライターは使われていない。アームが絡まることなど心配する必要はどこにもないにもかかわらず、私たちはQWERTY配列を使用している。これがまさに歴史の制約だ。いったんQWERTY配列の商品が普及してしまった今となっては、文字の打ちやすさの最適化を目指して別の配列に変えたとしても、それは消費者からは敬遠されてしまう。普段ローマ字入力をしている人にとっては、ひらがな入力のキーボードは入力しにくくて仕方がないものだろう。これと同じで、QWERTY配列に慣れてしまった人はいまさら別の配列を使おうという気にはなかなかなれないのである。

QWERTY配列の普及の理由は、機能だけでは説明できない格好の例である。車の走行車線やエスカレーターの立ち止まる列ができる側(本当はエスカレーターは立ち止まらなければなりません)なども、歴史を考えなければそうなることが説明できない例である。

さて、次にスパンドレルを生物の進化に当てはめてみよう。レウォンティンとグールドは歴史的な制約は生物の進化にも当てはまると言うのだ。

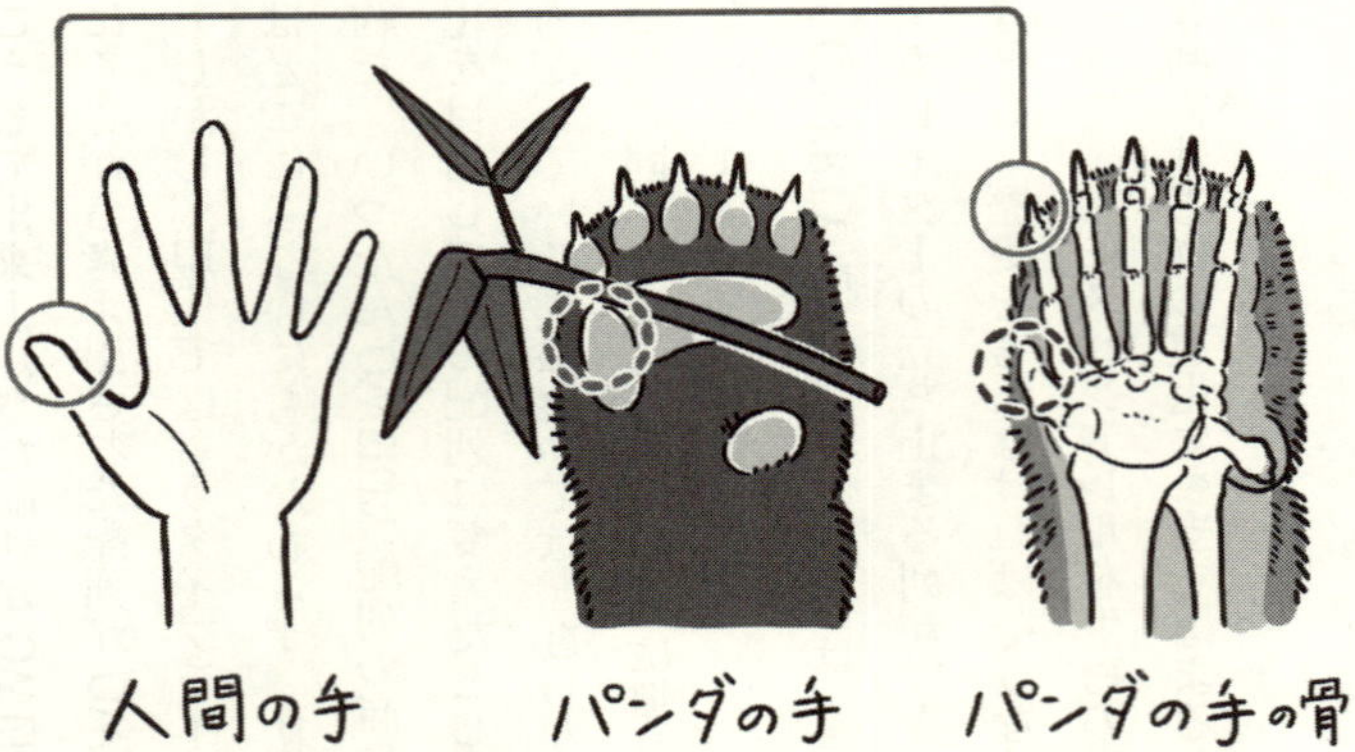

図 6-4　人間とパンダの左手。パンダの手にある親指様の部分（点線の丸枠内）は、人間の親指（実線の丸枠内）にはあたらない

11　スパンドレルの例：ジャイアントパンダの親指

スパンドレル（歴史的な制約）を生物に当てはまめるとどうなるのか？　グールドはジャイアントパンダの親指がその格好の例だと言う。ジャイアントパンダはご存知の通り、クマの一種だ。しかし、ジャイアントパンダは驚いたことに、クマに共通である「雑食」をやめ、タケだけを食べることに特化している。ジャイアントパンダは座りこんで、前足を器用に使ってタケをもりもり食べる。起きているときはほとんど食べている。そのジャイアントパンダの手をよく見ると、屈伸自在な親指とその他の指を使ってタケを持ち、器用に葉をむしり取って食べている。……これは生物学的な大問題なのだ！

これのどこが大問題かというと、親指とその他の指を使うことである。というのも、生物学には、他の指と向かい合う親指はヒトだけがもつ特徴であり、これが人類が繁栄した理由の一つだという考えがあるからである。他の指と親指が向かい合うことで、複雑かつ繊細な指の動きが可能になるのだ。「ジャイアントパンダは人と同じ手をもっているのだから、他の指と向かい合う親指はヒトだけの特徴ではない！　生物学の嘘つき」となって、大問題なのだ。

しかし、これは生物学的な大問題でもなく、生物学が嘘をついているわけでもない。「他の指と向かい合う親指はヒトだけの特徴である」という説明は嘘ではないのだ。それでは、ジャイアントパンダの親指はどうなるのだろうか？　実はジャイアントパンダの親指は私たちには親指に見えるけれど、解剖学的には親指ではなく、橈側種子骨《とうそくしゅしこつ》という手首にある小さな骨が発達したものである（図6-4）。橈側種子骨は他のクマ類にも普通にある骨で、ジャイアントパンダは橈側種子骨を転用して親指のように用いているだけなのだ。自然選択により、本来の親指が他の指と向かい合うように変化した（これがヒトにあたる）のではなく、もともとあった橈骨種子骨が、まるで親指のように発達し、あたかもヒトの親指のように利用されているのである。これは、まさにサンマルコ大聖堂にもともとあったスパンドレルが装飾という機能を後からもったという事実に通じる考えである。

12　適応と外適当

グールドはジャイアントパンダの親指のような例を他にも示し、ある器官や構造が特定の機能を果たしているからといって、それを理由に適応と呼んではならないと主張した。自然選択がその機能を形作ったのならばそれは適応である。しかし、ジャイアントパンダの親指はあとから付加された機能であり、適応と呼ぶにはふさわしくない。むしろそれは外適当（exaptation）と呼ばれるのがふさわしいと主張した。ただ、残念ながら今のところ生物学業界でも、「外適当」はそれほど知名度の高い言葉ではない。一方、スパンドレルは生物学でよく用いられる言葉である。生物学を学ぼうとする者は「スパンドレル」という言葉を覚えておくべきであろう。

ある器官や構造が、適応的な機能のため自然選択されたのか（適応）、それとも、別の目的で生じた器官や構造が後になってその目的に使われるように転用されたのか（外適当）、注意を払う必要がある。「ある器官がそのような機能を有しているから」は、適応の証拠ではない。その器官が外適当の可能性だってあるのだ。

以上が適応主義者のプログラムの一つ目の問題点だ。

13　適応主義者のプログラムがもつ二つ目の欠点：実証の難しさ

適応主義者のプログラムがもつ二つ目の問題は、自分が思いついた適応的な物語が正しいかどうか実証する努力を怠っているということだった。レウォンティンとグールドは、「草食獣の角《つの》の機能って、以前は外敵から身を守る武器っていうのが一般的な解釈だったよね。それがいつのころから、オス同士でのメスの獲得競争のためのシンボルだ、というふうに解釈が変わったよね。解釈がころころ変わるんじゃあ、節操なさすぎじゃないの」と指摘する。もともと、草食獣の角に関する適応的な物語を展開するときに、その根拠となる実証データをそろえて提出していればこんなことにはならなかったということだ。言われてみれば、ある形質の機能の解釈が時代とともに変わってしまった例などこれ以外にもたくさんある。

それでは、「適応的だ」と言うためにはどのような実証データが必要なのだろうか（そういえば、私もイギリスの学術雑誌の編集者に、「樹形の適応の物語を語りたければ、実証データを示せ」って言われていたっけ……）。

実証データを示すためには、研究対象とする形質をもつ種ともたない種の比較研究がいいかもしれない。例えば、「草食獣の角には外敵から身を守る役割がある」という適応の物語を実証するためには、肉食の獣からの被食率を、角をもつ草食獣ともたない草食獣との間で比べればよい。しかし、角をもたない草食獣の代表としてアジアゾウを用い、角をもつ草食獣の代表としてニホンジカを用いて比較を行ったとしよう。この比較が角の機能の実証研究になるとはほとんどの人は思わないだろう。なぜならば、アジアゾウとニホンジカは体の大きさや住む地域など、角の有無以外にもたくさんの違いがあるからだ。たとえ被食率が異なっていたとしても、角以外の違いによりもたらされた可能性が高いと考えるのが自然だ。この比較ならばきっと、アジアゾウのほうが被食率が低いだろうが、それは角をもつとかもたないということではなく、体の大きさがもたらしたものだろう。

それでは、形質がよく似ている種同士の比較はどうだろうか。例えば、近縁種（イヌとオオカミのように進化的系譜における関係が近い種）は、遠縁の種の間よりも形質がよく似ている。そこで、ある形質をもつ種ともたないその近縁種の間での比較研究が実証研究にはよりふさわしいだろう。しかし、そんなに都合よく、研究対象となる形質をもつ種ともたない近縁種が見つかることは滅多にないはずだ。よしんば見つかったとしても、種が違えば、研究対象とする形質以外の形質も多かれ少なかれ異なっている。よって、アジアゾウとニホンジカの比較で問題となった研究対象の形質以外が比較研究の結果をもたらしている可能性を完全には排除できないのだ。

そうすると、ある形質がある目的に対して適応的であるかを判断するには、その形質の有無以外はまったく同じ個体（群）間の比較が求められていることになる。しかし、そんな比較は現実的ではないことはすぐにおわかりだろう。自分が思いついた適応的な物語が正しいかどうか、実験や観察で実証することはほぼ不可能なのである。適応的であることを実証データとともに示すのは、並大抵の努力では成し得ないのだ。

適応の概念はわかりやすく、一般論としては広く受け入れられているし、適応しているように見える生物を見つけることはたやすい。しかし、適応の物語を実証的に示すのはとても難しく、適応主義者のプログラムを履行するのは現実的にとても厄介なのである。

以上の議論から、この章では次のことを学んでもらいたい。**「生物がもつ形質はその生物の生存や繁殖のための何らかの利益をもたらしている」と考える適応主義はひとつの仮説に過ぎず、当然、仮説演繹の論理展開できちんと実証されなければならない。**「種ＡのもつＢという形質は、種Ａが生存や繁殖していく上で利点がある」と考えるのならば、反証の条件をはっきりと与えた予言を示し、この予言を用いた仮説演繹による実証が必要なのだ。この実証を抜きにして、「そう見える」だけを根拠に当たり前と受け入れてはいけないということだ。そして本章では、この予言を観察や実験により実証することが極めて難しいことも理解してもらえたと思う。

それでは今一度、この章の冒頭で投げかけた「何をもって、予言が正しいことが実証されたと言えるのだろうか？」という質問に立ち戻ってみよう。**「予言の真偽が実証された」と主張するためには、重要なことは二つだけだ。**

一つ目に重要な点は、仮説から実証可能な予言を演繹することだ。そして、次に重要なのは、ふさわしい実験・観察により得られたデータを用いて予言をテストすることなのである。

至極当然のことを言っているにすぎないが、本章で考えたように、ときに我々はこれができないことがある。「なんとなく、正しいように見える」程度の、さしたる実証データを抜きにして、○○仮説は正しいに決まっているという態度で研究を進めてしまっては、それはもう科学ではないのである。

第7章

何をどこまで示せば「わかった」と言える？

発展編

第7章　何をどこまで示せば「わかった」と言える？

○生物学者の「わかった」の基準　～種多様性の例

1　何をもって「わかった」とするのか

研究を行う際の悩みどころのひとつに「何を、どこまで明らかにすべきなのか？　どこまで明らかにしなければならないのか？」というものがあるだろう。つまり、研究では何をもって、「わかった！」となるのかという問題だ。私が卒論指導をしている学生を見ても、この問題に悩まされる者がときどき現れる。そこで、第7章では科学では何をもって「わかった」とするのか、その落とし所について解説する。

結論から先に書いてしまうと、**科学での「わかった」の基準は、自分が作った問題（予言）に対し、しっかり、はっきり答えられているかということに尽きる。**問題を設定するのが自分なのだから、「わかった」の基準も自分で作ることができるのだ。**つまり、仮説演繹の論理にのせ、仮説から予言を演繹し、その予言に対して実証データで真偽が示せていれば、それが科学でいう「わかった」なの**

である。

結局、研究の落としどころでも鍵となるのが仮説演繹である。このような、はっきりとした基準があるにもかかわらず「わかった」の基準について悩んでしまう学生が現れるのには、たぶん現象が起こるしくみ（至近要因：第３章11節参照）を解明することが、唯一の「わかった」の基準だと彼らが誤解しているせいであろう。

というのも、研究の落とし所に戸惑っている学生の例として、こんなケースがあったからだ。この学生は、熱帯林における樹木の個体群動態を研究テーマにしていた（ある地域に生える同種個体の集合は個体群と呼ばれ、同種個体の数が時間とともに変化する様子は個体群動態と呼ばれている）。具体的には、近くに同種の個体があまりいなければ、植物個体は生き残りやすくなるのか？ということを調べていた。読者のみなさんは、どうしてそんなことを調べるの？　と疑問に思ったことだろう。これを調べる重要性は、後にじっくりと解説することにする。

さて、卒業研究の途中で、この学生が（私の目から見ると）なかなかいい結果を出し始めたので、そのまま思ったとおり、「いい結果が出始めていますね」と声をかけたことがある。普通ならば「わぁい。先生に褒められたぁ」と喜ぶところだと思うのだが、この学生は結構複雑な顔をして「これが？いい結果ですか？」と聞き返すのである。

それどころか、神妙な顔をしているのでその真意を学生に聞いてみると、「この結果では何もわかっていないも同然だと思っていたのに、先生の評価が高いということは、きっと馬鹿にされているのではないか思って」と教えてくれたことがある。

私にとっては「明らかになっている」という結果が、学生には「ぜんぜんダメ」と認識されていたのだが、あとで詳しく紹介する通り、この認識齟齬の原因はずばり、二人の間にある、何をどこまで示すべきかの基準の違いによるものであった。この話をこれ以上進めていくためには生態学の知識が必要になるので、少し回り道になってしまうが、以下にそれを紹介していくことにする。

2 野外調査

ここからは生態学の話が続いていくが、わかりやすく解説していくので、しばらくお付き合いをお願いしたい。森林生態学を行っている私の研究スタイルは、野外(フィールド。つまり森や野山)で観察したり実験のデータを集めたりするというやり方だ。俗に言う、「フィールドワーク」というやつだ。他の人よりも体が動くんじゃないかと思い込んでいる節があるので、フィールド中を駆けずり回り、できるだけ多くのデータを取るように心がけている。「どうだ! このデータを見てみなさい!」くらいの気合の入ったデータを取ることを目指しているのだけれども、最近どうやら加齢のためか体が重く、フィールドワークが結構きつい。このスタイルの研究は長くは続けられないかなぁと悩み始めているところではあるのだが、そういう個人的な悩みはひとまず置いておこう。

野外調査は、仮説から演繹された予言が正しいかどうかを確認する実証データを得るために行っている。野外調査だろうが室内の実験だろうが、仮説演繹における役割は同じであるのだが、これについては本書ももう終盤であるから、みなさんにはよくわかっていただけていると思う。

では、生態学者が予言を実証するために用いる野外データには具体的にはどんなものがあるのだろうか？　そのひとつとして、先の学生の研究テーマとも関連が高い「種多様性」に関する研究を紹介したい。

3　種多様性のパターン

生態学の概念に「種多様性」というものがある。ざくっと言うと、種多様性とは単位面積に出現する種の数のことだ。種多様性の程度は世界中どこでも一緒ではなく、種多様性の高い地域と低い地域の局所的なむらがあり、地域的な不均一性が極めて大きい。例えば、私が調査を行った広島県の宮島は、暖温帯という熱帯よりもずっと涼しい地域に属するのだが、その照葉樹林に設置した一ヘクタールの調査区には三十種くらいの樹木しか出現しなかった。しかし、インドネシア西カリマンタン州の調査地にある熱帯林に設置した同じ面積の調査区には、三百種以上が出現した。

このように、熱帯の種多様性は暖温帯に比べればまさにけた違いに高いのだ。種多様性は、例えば、植物のグループとか昆虫のグループなどの生物のグループごとに測られるのが普通なのだけれども、どのグループを見ても低緯度地域、つまり熱帯に向かうにつれて種多様性が上がっていくパターンが見られる。例えば、維管束植物（シダ植物と種子植物を合わせた総称）の種多様性を世界

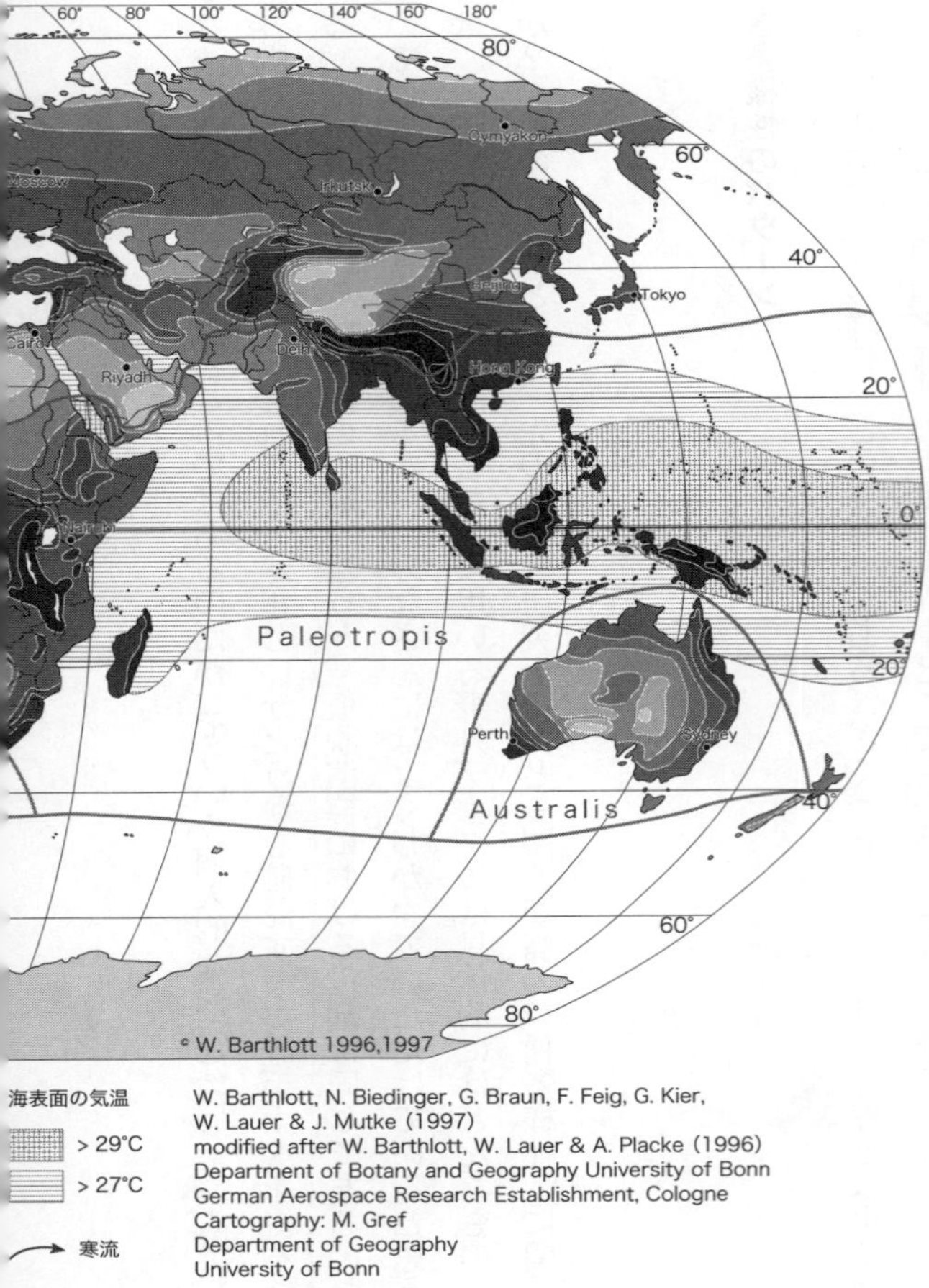

(Barthlott et al. ACTA BOT. FENNICA 162 (1999)
Fig. 1. Revised map of global distribution of species diversity in vascular plants (modified from Barthlott et al. 1996. より引用)

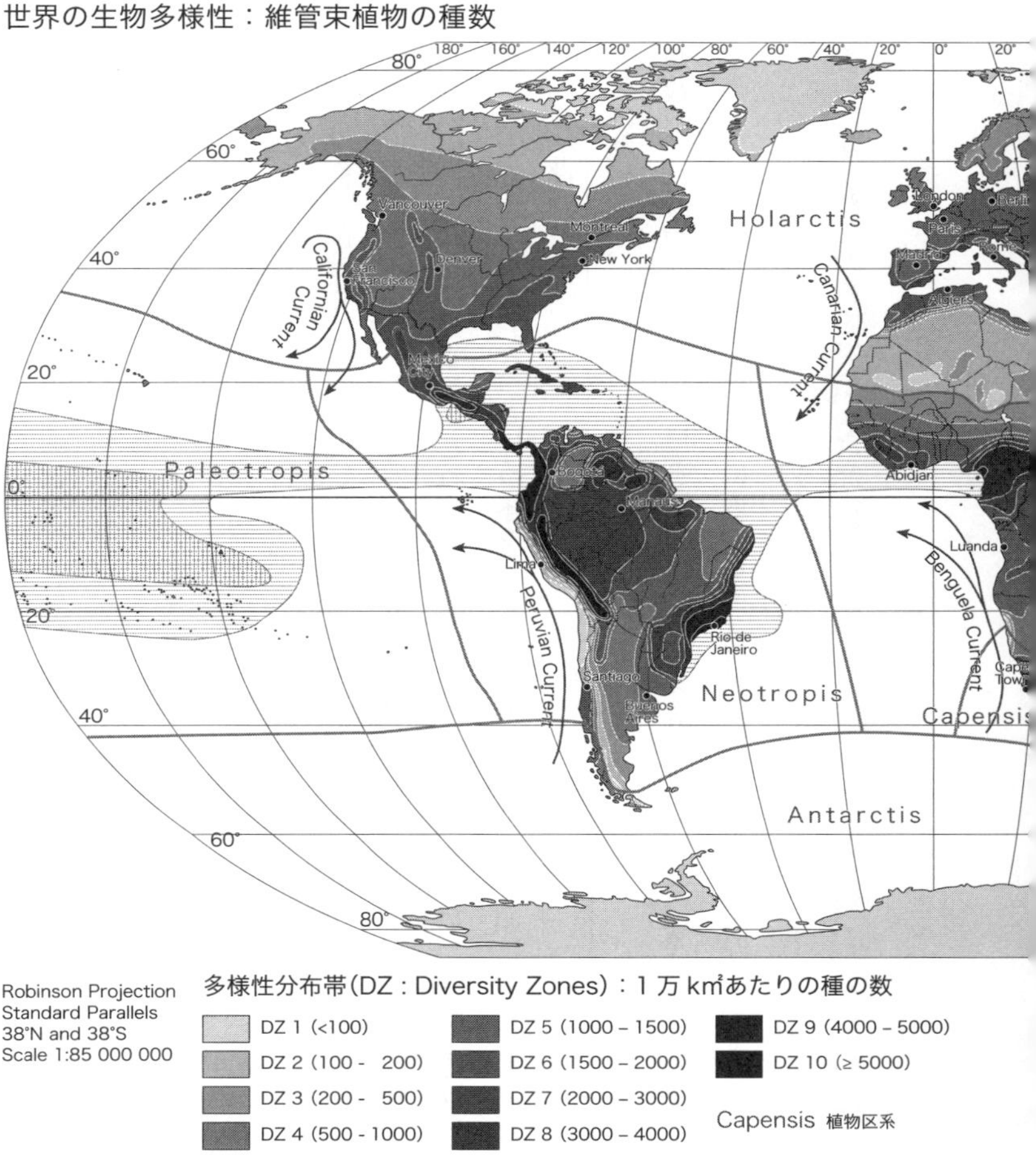

図 7-1　維管束植物の種多様性の全球的なパターン

地図上に示したものがあるのだが、それを見ると熱帯で種多様性が高いことが一目瞭然でわかる（図7-1）。

私が熱帯のジャングルで初めて調査を行ったのは大学院修士課程のころであった。研究を指導してくれていた先生が、「調査の手伝いをするのならば、熱帯林に連れて行ってあげよう」と言ってくれたのだ。そのときはうれしかった。それまで生態学の教科書でしか学んだことのない生物多様性の宝庫、熱帯林を実際にこの目で見られるだけでなく、その調査にも参加できるなんて！　まさに夢のようだった。熱帯林に実際に行くまでに、種多様性がやたらに高いとか、木の高さが六十メートルを超えて樹冠部分（＝木のてっぺん）は上空はるか遠くにしか見えないとか、生物量（biomass：バイオマス：森に生えるすべての木の重さの合計の意）がとてつもなく高いとか、サルを使って樹冠幹部分の植物資料を採集する（これについては、「そういう人もいた」というだけで一般的な方法でないことが後でわかった）というような熱帯林豆知識をしっかり頭に入れ、準備万端で熱帯に向かったのを覚えている。

行き先は熱帯の国、インドネシアだった。インドネシアであってもそこらじゅうに手付かずの熱帯林が残っているわけではなく、日本と同じで、大きな町の近くには自然はあまり残されていない。インドネシアに入国してから熱帯林に入るまで、移動、移動で十日以上かかってしまう。

やっとのことでインドネシア、西カリマンタン州のジャングルにたどりついてからの数日は興奮が止まらなかった。教科書で学んだ熱帯林が実際に自分の目の前に広がっているのだ！　そこら辺から飛び出してくる毒蛇や大蛇、獣たちにより、いやがうえにも私の中の熱帯感は激しく、高らかに盛り上がった。終いには毎朝、テナガザルと大合唱を始める始末だ。これが熱帯ビート！　これが熱帯グルーブ！　……あのころの私は若かった。

しかし、この興奮が困惑に変わるのにあまり時間はかからなかった。教科書に書いてあった通り、熱帯林に生える木は高かった。試しに樹高を計測すると八十メートルもあり、その木の直径は一・五メートルを超えていた。莫大な生物量を支える巨木たちの世界。まさに、これが見たかった世界だ！　……ったはずなんだけど……。

「さて、それでは調査を開始しましょうかね」と思ったところでがく然とした。巨木たちの葉ははるか上空にあり、双眼鏡を使ってもほとんど見えない。葉が見えなければ生態学で最も重要な情報である植物の種がわからないのだ。それならば、と今度は手の届く範囲にある低木の葉に手を伸ばすと、手に取る葉、手に取る葉がすべて違う形をしていた。つまり、莫大な種数が出現してしまうのだ。……これらをすべて覚えて、区別できるようになるにはいったい何年かかるやら……。これが、種多様性の高い巨木たちの世界とのファーストコンタクトだった。熱帯林の世界を実感できたのは良かったのだが、研究の方向性すら探れず、悶々たる日々を過ごしたことを記憶している。まぁ、この個人的な悩みもひとまず置いておこう。

4　種多様性の説明仮説

種多様性が熱帯で高くなるという傾向は明らかである。すると科学者は、なぜそうなるか説明する仮説を作るようになる。これまでに本当にたくさんの仮説が示されてきた。

熱帯で種多様性が高くなるのだから、熱帯の暑くて雨がよく降る環境が種多様性の高さと関係があるのではないか、と思った読者も多いだろう。暑くて雨がよく降る気候が一年中続く、ということは、光合成に都合よい気候が一年中続くことを意味する（これを高生産環境と呼ぶことにする）。このことから、「光合成がたくさんできる熱帯では、それだけ種多様性が高くなる」と、光合成生産の高さと種多様性の高さを結び付けて考えたくなるかもしれない。しかし、よく考えてみよう。高い光合成生産量は種多様性を高くする必然要因ではない。ある一つの企業が、大きな利益を生み出す市場を独占するがごとく、たった一種が高生産環境を独り占めする世界だってありえるわけだ。たくさん光合成をできるからといって、種多様性が高くなる理屈はない。

そこで科学者たちは知恵を絞り、熱帯で種多様性が高くなることを説明するいろいろな仮説を作ってきた。科学者が作ってきた仮説は、

（1）種分化に関する仮説（いかにして、こんなにたくさんの種ができ上がったのかを説明する）

（2）共存に関する仮説（いかにして、こんなにたくさんの種が共存できているのかを説明する）

の二つに大きく分けられる。

そもそも、新種が出現しなければ、種多様性は高くなれない。そこで、種分化に関する仮説は、熱帯は他地域に比べて大進化（＝種分化：第４章９節参照）に有利な環境であることを主張する。この仮説には、「熱帯に生息する生物は、他の地域に生息する生物より高い突然変異率をもつ」とか、「地形的な要因で熱帯地方では、新種ができやすい」といった魅力的な仮説が含まれている。これら仮説の詳細はジャブリー　ガーゾル（Ghazoul, J.）とダグラス　シェル（Sheil, D.）（二〇一〇）がよくまとめているのでこれを参照してほしい。

一方、種分化により出現した新しい種がすぐに絶滅してしまうのならば、やはり種多様性は高くなれない。そこで、共存に関する仮説は、熱帯は、新しく出現した種が絶滅しにくい環境であることを主張する。この仮説が主張するように、もし熱帯では種の絶滅が起こりにくいのならば、たとえ熱帯の新種形成速度が他地域と違わなくても、時間とともに種の数が蓄積され、種多様性が高くなるだろう。とはいえ、「多くの種が（絶滅せずに）共存する」ということ自体が生態学では曲者だ。その理由は、旧ソビエト連邦のゲオルギー　ガウゼ（Gause, G.）が一九三〇年代に行ったゾウリムシ三種（ゾウリムシ、ミドリゾウリムシ、ヒメゾウリムシ）を用いた飼育実験にある（図7-2）。ガ

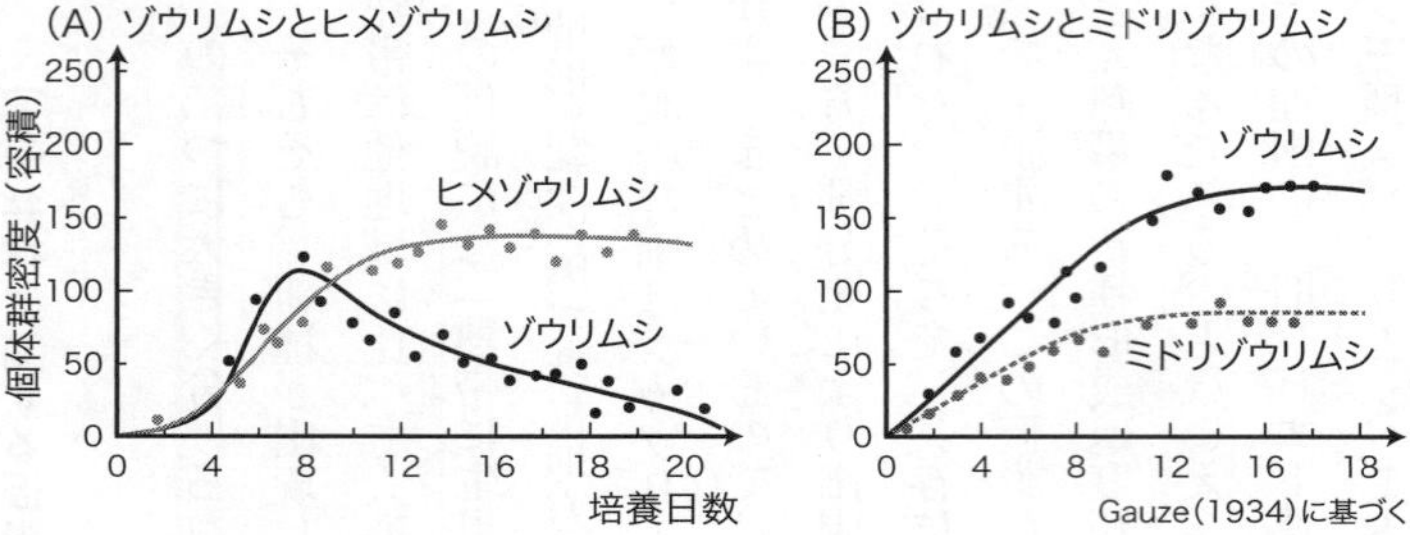

食性

ゾウリムシ
ヒメゾウリムシ ：細菌

ミドリゾウリムシ：酵母

ゾウリムシとミドリゾウリムシは水槽で平衡共存できる（B）が、ゾウリムシとヒメゾウリムシの組み合わせでは種間競争が起こり、やがて水槽はヒメゾウリムシだけになる（A）。

図 7-2　ゾウリムシの飼育実験

ウゼは各ゾウリムシのペアの組み合わせを作り、それらを一つの水槽で飼育するという実験を行った。その結果、一つの水槽に共存できるペアと共存できないペアがあることを明らかにした。共存できないペアの場合、やがて水槽からどちらかが絶滅し、終いには一種だけが生き残ったのだ。

この実験から彼は、資源を奪い合う激しい種間競争が起こるとどちらか一方が他方に駆逐されて共存ができないと考えた。ということは、種が共存するためには種間競争を避けなければならない。これは当たり前の見解だと思う。

この実験結果からガウゼはさらに、どうすれば種間競争が避けられるのか？という種の共存を可能にする条件にまで言及している。彼の結論を簡単に言えば、食べ物などの生きるための必要条件（これは生活要求と呼ばれる）が異なれば共存できるというものだ。彼がこう言うのも、生活要求が異なれば資源の奪い合いをしなくて済み（＝競争が回避でき）、共存できるからだ。先ほどの例でいうとゾウリムシとヒメゾウリムシは共存できないペアだったのだが、ゾウリムシもヒメゾウリムシも細菌を食べて生きている。同じ餌を利用しているので細菌を奪い合う激しい競争が起こり、ゾウリムシが駆逐されるのだと考えた。一方、ゾウリムシとミドリゾウリムシは共存できるペアだったのだが、ミドリゾウリムシは酵母を食べる。そのため、ゾウリムシと餌が異なり、両種の間で競争が起こらず、共存できると考えた。

生態学では、さまざまな生活要求をまとめたものをニッチ（生態的地位）と呼んでいる。ニッチは今では「すきま産業」という意のビジネス用語で使われがちだが、もともとは生態学のこうした意味の言葉だった。生態学におけるニッチとはさしずめ、ある種が生態系から他種により追い出されないための隠れ場所となる、仮想的な「すきま」といったところだろう。したがって、上述の種が共存するための条件を言い換えると、「種間でニッチが異なり、種間競争を回避できる」ということになる。

なるほど、種間でニッチを分けられれば競争が回避でき、結果として共存できるわけか！　それでは植物に話を戻そう。植物はどの種も共通して、光、水、リンや窒素といった栄養塩という同じ資源を利用している。……植物はニッチがだだ被っているのだ！　……ということは、もしガウゼを信じれば、種間競争の結果、植物は一種しか勝ち残れないということになってしまう。つまり、どの森を見ても、そこで見つかるのは、競争力の最も高い一種だけになるはずである。しかし、世界中どこを探したって、たった一種が独占する森林なんて、まず見当たらないだろう。

ここでちょっとわき道にそれるけれども、親種（もともとの種）から種分化したての新種（娘種）を考えてみよう。娘種は親種のもつニッチの多くを引き継いでいるはずだ（これもスパンドレル（第6章9節）で学んだ進化の歴史的な制約のひとつ）。だから、娘種と親種の間ではニッチの重なり合いが大きく、共存が難しいと考えるべきである。共通資源をめぐる親種との厳しく激しい種間競争の結果、せっかく誕生した娘種が親種の存在によりすぐに駆逐されたのでは、たとえ種分化が起こったとしても種多様性は上がらない。娘種が親種とどのようにニッチを分け、競争を回避するのかは、熱帯の高い多様性を説明する鍵となる。

さて、ガウゼの結果から演繹すると、森に生える種はたった一種ということになる。にもかかわらず、現実にはそんな森林は世界のどこにも存在しない。この矛盾を解決するために、生態学者はいろいろな要因を挙げて「熱帯では種間競争が起こりにくい」とか「もともと種間競争なんかしていない。ガウゼの飼育実験は熱帯林には当てはまらない」と主張している。こうした主張が（2）の共存に関する仮説だ。これらの仮説もやはりガーゾルとシェル（二〇一〇）がよくまとめているので、これを参照してほしい。

図 7-3　孤立するほど生き延びる仮説。近くに同じ種の個体がたくさんいると枯れやすくなり（左）、そうでないと枯れにくい（右）

○種多様性を説明する仮説：孤立するほど生き延びる仮説 vs アリー効果

ただ、（２）の共存に関する仮説のひとつである「種間競争の勝敗は、いつも同じように決まるのではなく、状況に応じて勝者が変わる」という仮説をここで紹介したい（図7-3）。この仮説がいう種間競争の勝敗を分ける状況とは一義的で、近くに同じ種の個体がどれだけいるかということである。この仮説では、**「近くに同じ種の個体がたくさんいるとその個体は競争に負けやすく、近くに同じ種の個体があまりいなければ、その個体は競争に勝ちやすくなる」**と考える。

もしこんなことが本当に起これば、種多様性は高く維持できる。なぜならば、絶滅しそうになるほど（すなわち、近くに同じ種の個体がいなくなればなるほど）、競争に負けにくくなるのだから、たとえ絶滅しかかったとしても、それを回避することができるからだ。結果として、多くの種の共存が許され、種多様性を高い状態で保つことができる。今後、本書ではこの仮説を、**「孤立するほど生き延びる仮説」**と呼ぶことにする。

しかし、孤立するほど生き延びる仮説は、生態学の別の理論である**「アリー効果」**と真っ向からぶつかってしまう。**アリー効果とは「近くにいる同じ種の個体の密度が低くなると、それが理由でその生物は絶滅しやすくなる」という考えだ。**

シマウマなどの群れを作る草食獣の例を用いて、アリー効果を説明しよう。草食獣の群れは肉食の獣から身を守る効果があると考えられている。というのも、群れていれば、肉食の獣が近づいてきたとき、群れの中の誰かが肉食の獣にいち早く気づくことができ、その個体が他の個体に危険を知らせることで、群れ全体で肉食の獣からの防御ができるからだ。こう考えると、群れが大きければ大きいほど、群れの中の誰かが肉食の獣の接近に気づくことができるだろうから有利となり、一方で群れが小さければ小さいほど、どの個体にも気づかれないうちに、肉食の獣の接近を許すことになるから不利となる。つまり、アリー効果によれば、群れを作る草食獣の場合、生存のためには近くに同じ種の個体がたくさんいるほう（＝群れが大きいほう）が有利なのである。

この他にも、群れを作る肉食獣は、群れが小さくなると狩りの成功が下がってしまうとか、孤立してしまうと繁殖相手が見つからないというアリー効果も知られている。

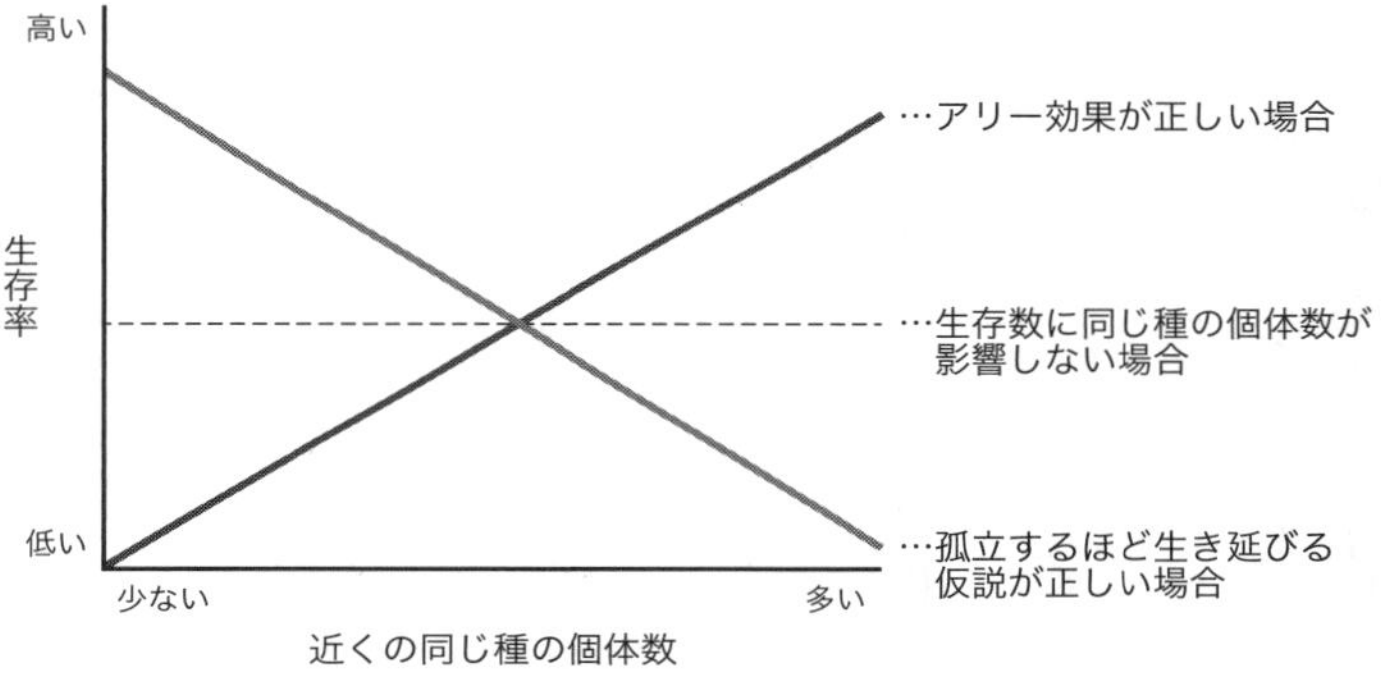

図 7-4　近くにいる同じ種の個体の数と生存率の関係

5　実証！「孤立するほど生き延びる仮説」

「孤立するほど生き延びる仮説」が正しいのか、それともアリー効果が正しいのかは、データで示してやればよい。ここで、やっと野外調査の出番だ！

私は、どちらが正しいのか、どんなデータを用いて、どうやって確かめてやろうかと頭をひねった。つまり、「孤立すると生き延びる仮説」からどのような予言を演繹して、その予言の実証のためには、どんなデータが必要なのか考えたのだ。すると、次のアイデアが出てきた。熱帯林に生える任意の種を使って、近くに同じ種の個体が多くいる場合と、あまりいない場合で生残率に差が出るかどうかを確かめるというものだ。この比較がなぜ、孤立するほど生き延びる仮説の実証になるか、生残率と近くにいる同じ種の個体数の関係を用いて考えてみよう（図 7-4）。

まずは孤立するほど生き延びる仮説もアリー効果も正し

くなかった場合の予言を演繹してみよう。この場合、生残率は、近くにいる同じ種の個体数にかかわらず一定の値になるはずだ。もし「孤立するほど生き延びる仮説」が正しいのならば、予言は、「近くにいる同じ種の個体数が少なくなるにつれて生残率が高くなる」になる。一方、アリー効果のほうが正しいならば、予言は、「近くにいる同じ種の個体数が少なくなるにつれて生残率が低くなる」となる。

データさえあれば、生残率と近くにいる同じ種の個体数の関係を調べることは簡単で、この関係を用いれば、「孤立するほど生き延びる仮説」が正しいのか、それともアリー効果が正しいのか、はたまたどちらも間違っているのかを直接的に調べることができる。先に紹介した学生は、これをテーマに卒業研究を進めていた。

この研究を進めるにあたり、さしあたっての問題はデータだった。寿命の長い植物の生残率を調べるのには時間がかかる。樹木の生残率は年率九十八パーセントを超えることが普通だから、たとえ百本を調べたとしても、一年間に平均的に二〜三本枯死することぐらいしか期待できない。信頼に足る生残率を求めるためには、早くても五年くらいの観察期間が必要だろう。試しに学生に卒業を五年待てるか聞いてみたところ、当然無理だという答えが返ってきた。

しかしすごいもので、研究室にはデータの蓄えがある。既に蓄積されたデータが利用できるのだ！マレーシアの調査区で得られた二十年にも及ぶ植物個体の生残のデータが手元にある。これを用いて、「孤立するほど生き延びる仮説」が正しいのかどうかの実証を試みた。

調べてみると、ある木から十メートル以内に同じ種の個体数が少ないと、その木は死亡しにくくなるという結果が出てきた。つまり、データはアリー効果ではなく、「孤立するほど生き延びる仮説」を支持したのだ。

この結果を見て声をかけたのが第7章1節で学生に声をかけた際の、「いい結果が出始めていますね」だったのである。

6　しくみがわからないとダメなの？

しかし、思い出してみてほしい。学生にとっては「これはいい結果でもなんでもない。まだ何もわかっていない」という感想だった。学生はどうしてこういう気持ちになってしまうのだろうか？私は、もしかすると学生は結果をよく理解していないのかと思い、結果の解釈を聞いてみた。すると、先ほど述べた傾向をつかみかけていると、学生はしっかり認識していた。ちゃんと解釈できているではないか。……じゃあ、何がダメなのか？

詳しく聞いてみると、「そうなる『しくみ』がわからないから、これではダメだ」ということだった。学生いわく、しくみを説明できなければ何もわかっていないのと同じなのだと言う。

そうなるしくみがわからない。……しかし、そもそもこの研究は、「そうなるしくみを解明するための実証研究」ではないから、しくみがわからないのは当たり前である。もし、そうなるしくみの解明を目指すのならば、他の研究手法を採用しなければならなかったはずだ。そうではなく、今回の研究が目指したのは、孤立するほど有利になる現象が起こっているかどうかを確かめることだ。

学生は「しくみまでわからなければ何もわかっていないのも同然だ」と思っている。学生と同じように考える読者もいるかもしれないが、どうぞ安心してほしい。こんなふうに思い込まなくてもいいのだ。**生物学においてはそうなるしくみまでを明らかにすることは義務ではない。なぜなら、第3章11節で説明したように生物学には至近要因（そうなるしくみ）の解明を目指した機能生物学と究極要因（そうなった背景）の解明を目指した進化生物学があるからだ。**もしあなたが機能生物学の立場であり、その現象が起こるしくみを明らかにすることを目指しているのならば、もちろん、しくみを明らかにすることが研究のゴールとなるだろう。しかし、すべての生物学者がこれを目指しているわけではない。

それでは、生物学では何をもって「わかった」と言えるのか？　この問いが今回の本題だ！　だが、それを解説する前に、学生も気になって仕方がなかった、孤立するほど生き延びやすくなる「しくみ」に関する説明仮説を三つ紹介したい。しくみがまったく紹介されないままでは、みなさんもきっと気持ち悪いことだろうから。

あっちで食べよう！
成功〜！
捕食者に全部食べつくされてしまう
捕食者に見つからず、芽生えることができる

図 7-5　ヤンセン - コンネル仮説

7　孤立するほど生き延びやすくなるしくみに関する仮説

孤立するほど生き延びるやすくなるしくみについても、既に三つの仮説（ヤンセン - コンネル仮説とニッチ相補性仮説、促生《そくせい》仮説）が提示されている。これら三つを紹介していこう。

●ヤンセン - コンネル仮説

はじめに紹介する仮説は、発見者にちなんでヤンセン - コンネル（Janzen-Connel）仮説と呼ばれているものだ（図 7-5）。この仮説では、同じ種の個体数が上がると、それだけ病原体の標的になりやすく、病気が蔓延しやすいと考える。また、その植物を食べる昆虫やほ乳類などの捕食者を引き寄せてしまうとも考える。植物は病気にかかったり捕食者に食べられたりすると死亡のリスクが上がってしまうので、近くにいる同じ種の個体数が上がると競争で不利になるというのがこの仮説だ。

例えば、昆虫や哺乳類の中には餌となる植物をえり好むものがいる。こうした捕食者は、好きな植物がたくさん生えているところを餌場として採食を行う。同じ種の植物がまとまって生えている場合に、それを餌とする捕食者が定着して徹底的に利用しつくされてしまうと、植物の死亡率が上がることになる。以上がヤンセン - コンネル仮説だが、これを支持する野外実証データが既にたくさん提出されている。

●ニッチ相補性仮説

二つ目の仮説は、ニッチ相補性仮説と言われるものだ（図7-6）。この仮説では、同じ種同士の競争に注目する。ここで、ある個体に対して一番厳しい競争相手が誰か、第7章4節で紹介したガウゼの研究成果をもとに考えてみよう。ガウゼ流に考えれば、ある個体の一番厳しい競争相手は、自分とニッチが一番重なっている個体となる。この立場で考えると、自分と同じ種の別個体は自分とニッチが丸々かぶっているのだから、極めて厳しい競争相手となる。

ということは、近くに同じ種の個体がたくさんいるという状況は、自分のまわりに自分に対して極めて厳しい競争相手がたくさんいることを意味する。この環境は生きていくためには過酷な状況

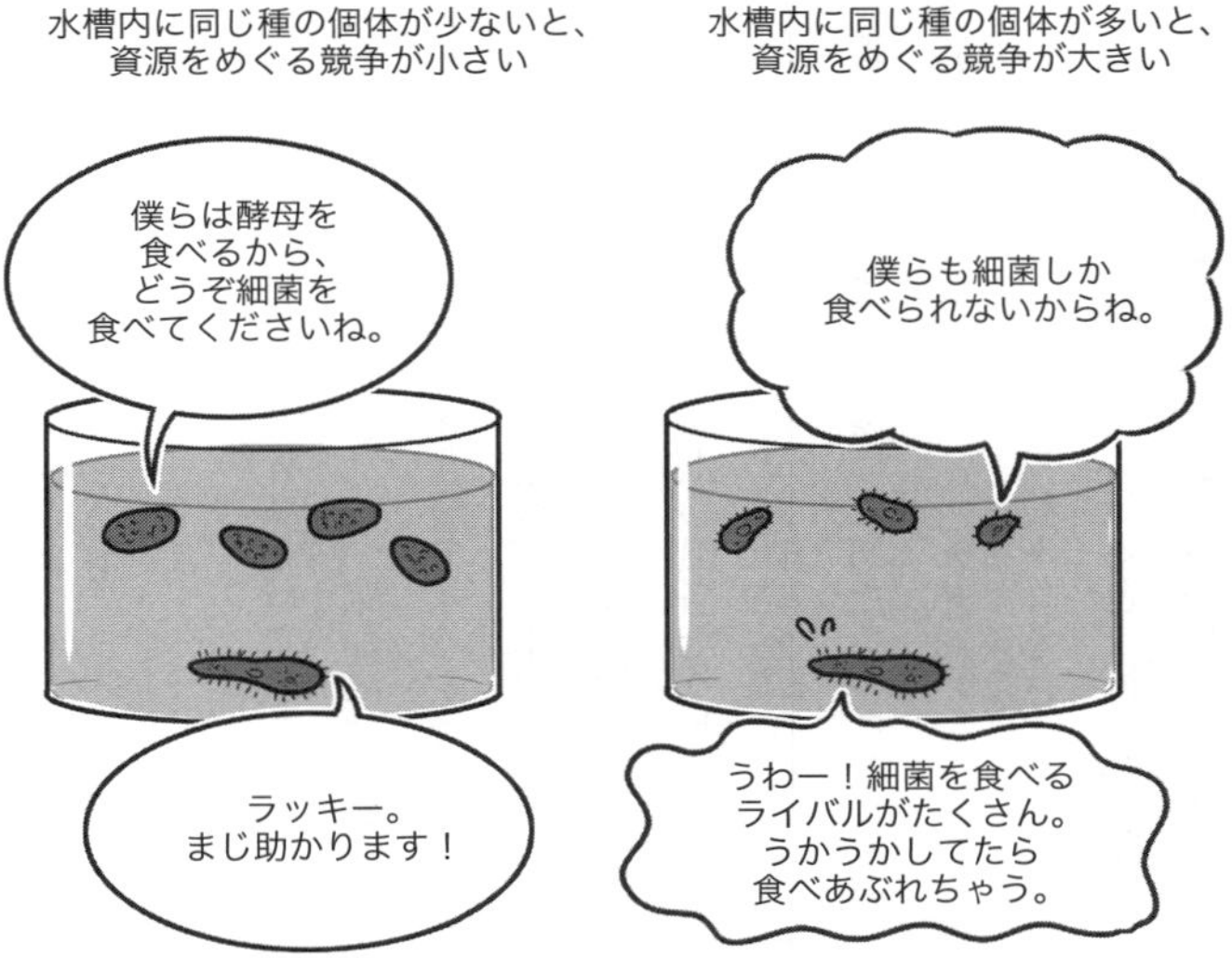
水槽内に同じ種の個体が少ないと、
資源をめぐる競争が小さい
僕らは酵母を
食べるから、
どうぞ細菌を
食べてくださいね。
ラッキー。
まじ助かります！
水槽内に同じ種の個体が多いと、
資源をめぐる競争が大きい
僕らも細菌しか
食べられないからね。
うわー！細菌を食べる
ライバルがたくさん。
うかうかしてたら
食べあぶれちゃう。

図 7-6　ニッチ相補性仮説

であり、だからこそ死亡率が上がってしまう。ニッチ相補性仮説では、近くに同じ種の個体がたくさんいるということを、近くに極めて厳しい競争相手がたくさんいると読み替えて、近くに同じ種の個体数が増加すると生残率が減少することを説明する。

●促生《そくせい》仮説

最後に紹介する仮説は促生（facilitation:この訳語にふさわしいものが見当たらないため、本書では「促生」と呼ぶことを提案する）仮説と呼ばれるものだ。促生は生態学において、種間の関係を示す新しい概念だ。同じ栄養段階（生態系における食物連鎖での位置。例えば、「光合成をする」とか「葉っぱを食べる」とかの栄養段階がある。）に属する生物の関係は、古典的には種間競争しか知られていなかった。つまり、他種個体はすべて資源を奪い合う競争相手という見解だ。しかし最近、「世の中、そんなに世知辛くないのでは？」と考えられ始めている。つまり、他種個体により元気づけられることもあるのではないかという考えだ。

ここで、「他種により元気づけられる関係は、生態学では「共生」と言うのではないのか？」と思った読者がいるかもしれない。確かに共生も、ある種が別の種に元気づけられる関係を指す。しかし、共生の場合、植物（光合成をする栄養段階）と送粉昆虫（花粉や蜜を食べる栄養段階）のような異なる栄養段階での関係を指す。本書では、同じ栄養段階における、他種個体によりある個体が元気付けられる関係は、共生ではなく促生と呼ぶことにする。

促生の例として、高山の風当たりが強い場所や尾根（隣り合う谷と谷とを隔てている突出した部分）で発達するクッション植物を紹介しよう。こうした場所は、強風や乾燥、低温や土の移動など、植物にとって厳しい環境にあたる。こうした場所に生息する木は背が極端に低くなり、地表面にへばりつくような形をすることがあり、こうした植物（の集まり）をクッション植物と呼んでいる。イワウメはクッション植物を作る代表的な植物だ。

クッション植物をよく見ると、植物が高密度で生息し、過去に枯死した植物の遺体もクッション植物内に残されていることがわかる（通常、植物の遺体は土とともに移動、拡散していく）。このため、あたかもクッション（座布団）を引いたような形に見えることから、クッション植物と呼ばれるようになった。

さて、クッション植物が織りなすこうした形は、強い風や乾燥に耐える構造となっている。一旦、クッション植物が成立すると、こうした場所の厳しい環境（環境ストレス）が緩和、改善され、他の植物の侵入や定着が促進されことが知られている。現に、イワウメがクッション植物を作ると、その場所に他の植物たちが侵入してくることが知られている。促生としてこの現象を見直すと、イワウメがクッション植物を作ることで、他の植物たちが元気づけられ、そこに侵入することができたと理解することができよう。

促生がなぜ、孤立するほど生き延びるやすくなるしくみになるのかに解説しよう。森林において、近くに同じ種の個体数が少ないということは、逆に、近くに他の種の個体数が多いことを意味する。もし熱帯林にも促生が当てはまるのならば、近くに他の種の個体数が多いと促生の効果が上がり、孤立した個体を死ににくくすることだろう。促生仮説では、こうして孤立するほど生き延びやすくなることを説明する。

卒論生の研究は、ある木の近くの同じ種の個体数が低くなるとその木が死亡しにくくなるしくみの解明を目指したものではないから、どのようなしくみによりそれがもたらされているのかはいまだ闇の中である。しかし、たぶんここで紹介した三つの仮説（ヤンセン‐コンネル仮説とニッチ相補性仮説、促生仮説）のどれか、もしくはそれら組み合わせにより起きているのだろう。

○しくみがわからないとダメ、じゃない：メタ分析の例

8　メタ分析

私はここまで、生物学ではしくみがわからなければわかったことにならないと思い込む必要はないと主張してきた。実際に生物学では、しくみには言及しない研究がたくさんある。それでは、そのひとつを紹介しよう。

メタ分析という研究手法をご存知だろうか？「メタ」とは「……の後の」というギリシア語で、後に「俯瞰《ふかん》する」とか「より高次の」という意味の英語の接頭語として使われるようになった。メタ分析とは過去に行われてきた共通のテーマに関する複数の研究を俯瞰的に検討・統合し、研究間に共通する一般法則を探る研究手法だ。つまり、簡単に言ってしまえば、メタ分析とはもう既に発表された研究を「後に」「俯瞰して」まとめる研究だ。

生態学ではメタ分析の手法は結構使われている。例えば、私の手元には五十ヘクタール調査区で

得られた熱帯の調査データがある。五十ヘクタールといえば、一キロメートルと五百メートルの辺をもつ長方形の面積で、バスケットコート一万千九百一個分になる。この調査では五十ヘクタール調査区内の直径一センチ以上のすべての木が対象となり、種名が付けられ直径などが測られている。五十ヘクタールの調査区には三十万本を超える調査対象の樹木が生えており、調査地を設置するだけで二年以上かかってしまう。また、これら調査区では五年に一度のペースで直径の再測定が行われているが、すべての木の直径を測り直すだけで一年近くかかってしまう。この調査の実施がとても大変なことをわかってもらえたと思う。

さて、第2章24節で紹介したように再現性と反復性を確保するために実験や観察をする場合は、デュプリケートを作ることが必要だった。しかし、一つ作るだけでもこれだけ大変な調査区をもう一つ作るのは現実的にとても難しい。そこで、五十ヘクタール調査区ではデュプリケートを作らず、他の地域の森林に同規模の調査区を設置するという戦略がとられている（一九八〇年代に五十ヘクタール調査区の研究計画が挙がったとき、一番の批判はデュプリケートがないことだったらしい）。そのほうが、世界各地の熱帯林から情報を得ることができ、得られる成果が大きいと考えたようだ。現在までに同じ規模の調査区が中南米に五個、アフリカに二個、アジアに十一個設置されている。

そうなると、世界に十八個ある調査区をまとめて、それを俯瞰するメタ分析を行おう！　ということになる。現在までにこの手法により、「熱帯では大きな木のグループのほうが、小さな木のグループよりも種多様性が高い」といった、多くのことがわかってきた。

しかし、ここで私が強調したいことはメタ分析が強力な研究手法であるということではない。メタ分析は世界で今起こっている現象を抽出しており、つまり、この手法は、現象が起こる「しくみ」ではなく現象が「あるかないか」そのものの情報を得るものなのである。もし、しくみまで示すことが生物学の研究で必要ならば、メタ分析を用いた研究は成り立ちえないことになる。

○仮説演繹の予言の真偽を示せば、「わかった」と言える

9 「わかった」の基準

では、「何をもってわかったというのか？」という問題に戻ろう。生物学では、とっても単純で、自分が作った問題にしっかり、はっきり答えられているかがその基準だ。**すなわち、仮説演繹の論理展開通りに仮説から予言を演繹し、その予言に対して実証データで真偽が示せていれば、それが「わかった」なのである。**仮説と予言、予言と実証データの論理的な整合性が、「わかった」の基準となる。

例えば、第7章5節で紹介した卒論生の例で考えよう。孤立するほど生き延びるやすくなる仮説

の場合、仮説から「近くに同じ種の個体があまりいないと、近くに同じ種の個体が多くいる時よりも生残率が高くなる」という予言が演繹された。そして、この予言の正しさが二十年に及ぶ野外データで実証されている。仮説―予言―実証データの間の論理的な整合性は見事に取れている。これならば、「わかった」といってよい。

この意味では、第5章で考えたように魅力的な仮説を立てるだけでなく、第6章で説いたように仮説から演繹を用いて予言を引き出し、それを実証データで確かめることも、科学では非常に重要な過程である事がわかる。仮説、予言、実証データの一つでも欠ければ、それは仮説演繹になれないし、科学にもなれないということだ。

これまでは生物学を例に「わかった」の基準を考え、それが、「仮説―予言―実証データの間の論理的な整合性が取れているか」ということを確認してきた。さて、生物学以外の学問分野ではどうだろうか？　他の学問分野を見渡して見ると、この基準は生物学に限ったものでもないことがわかる。どの学問分野でも（特に、危急性の高い課題では）、「しくみまでわかる」ということは必ずしも求められない。

例えば、第5章4節で紹介したペニシリンはこれに当てはまる。ペニシリンは一九二八年に発見され、一九四〇年代に抗生物質として製品化されている。しかし、ペニシリンの作用機序（ペニシリンによる殺菌のしくみ）について論じられ始めたのは一九六七年になってからであり、しくみの解明にいたっては、さらにそのずっと後になっている。ペニシリンは発見され、商品化された時点では、しくみはわかっていなかったのだ。

ペニシリンに似たケースにアスピリンがある。優れた解熱鎮痛作用をもつアスピリンと人類のつき合いはとても長く、紀元前にまでさかのぼる。アスピリンはヤナギの樹体内で生成されるのだが、ギリシア人ははるか昔からヤナギが鎮痛作用をもつことを知っており、ヤナギの枝や樹皮を鎮痛剤として用いていた。日本でも、「ヤナギの爪楊枝が虫歯によい」なんていわれていたけれども、これもヤナギの鎮痛作用の効果ではないだろうか。

ヤナギの鎮痛作用をヒントに作られた解熱鎮痛剤がアスピリンだが、商品化は一八九九年のことで、もう百年以上も前のことである。アスピリンといわれるとピンとこない読者もいるかもしれないが、ライオン株式会社が販売しているバファリンAの主成分（やさしさじゃないほうの半分）といえば、アスピリンが意外に身近にあると感じてくれるだろう。

このアスピリンについても、なぜその効果が発揮されるのは長い間謎のままで、しくみが解明されるのに、一九七一年のジョン ベーン（Vane, J.R.）の研究を待たなければならなかった。アスピリンは商品開発後七十年以上しくみがわからないままだったのだ。ちなみにベーンはこの功績で、ノーベル賞を受賞している。

以上の解説から、**科学では「しくみまでわかった」ことが唯一の「わかった」ではない**ことをわかってもらえたことだろう。

第8章

実践！
仮説演繹をやってみよう！

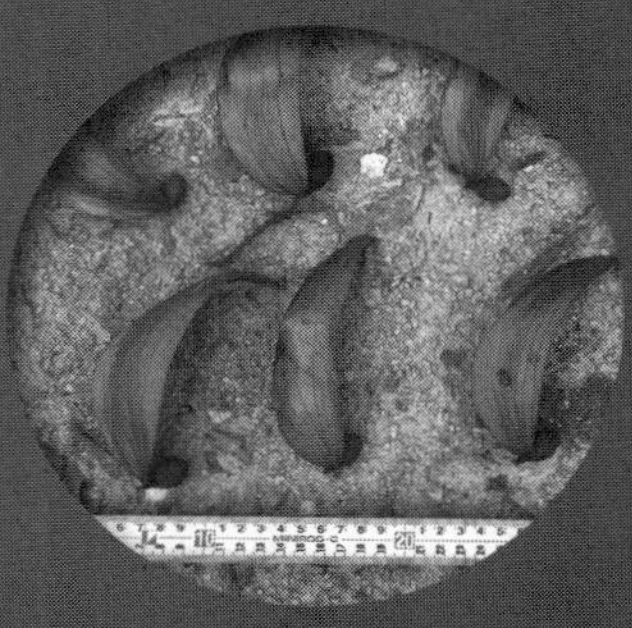

発展編

第8章　実践！　仮説演繹をやってみよう！

○そもそも熱帯林に多様性あり

1　熱帯林調査でのフネミノキとの出会い

いよいよ最終章だ。最終章では本書の集大成として、**私が実際に行った研究を例に、仮説演繹を用いて研究がどのように進められているのか、具体的なイメージをつかんでいこう。**

木がまとまって生えている土地を森と呼んでいるのだから当たり前なのだけど、森に入れば、たくさんの木が生えている。森林生態学者は森を理解することを目指して、森を対象に研究を行う。私もその一人だ。森を理解するための重要なヒントになるのが、どんな種類の木が生えているのかという情報である。木の種類が見分けられれば、「この森にはたくさんの木が生えている」から「この森には○○種類の木が生えている」というずっと進んだ見方ができるようになる。そのため、森に生える木々の種類を判別する能力は森林生態学の研究を行う上で必須である。私が初めて熱帯林に訪れたとき、出現する莫大な種数を前に「これらをすべて覚えて、区別できるようになるにはいっ

写真１　フネミノキの葉。これで一枚の葉だ。

たい何年かかるやら」と呆然としたのはここに理由がある（第7章3節参照）。この窮地を救ってくれたのは、インドネシア、カリマンタン島（ボルネオ島）の熱帯林に普通に生えている「フネミノキ」という木だった（「フネミノキ」という名前はこの種が作る船型の羽根をもつ果実に由来する）。

フネミノキはいくつかに切れ込んだ大きな葉をつける（写真1）。たくさんの種類が出現する熱帯林でも、フネミノキのような奇妙な葉の形をした木は他にはいない。「これなら私にだって簡単に識別できる」と思い、フネミノキに的を絞って熱帯林を観察することにした。すべての木を区別し尽くそうなどと考えるから呆然としてしまうのだ。まずは、フネミノキとそれ以外の単純な二分律で出現する樹木を分けてしまい、フネミノキのほうから熱帯林をのぞいてみようと考えたのだ。

それからというもの、私は来る日も来る日もフネミノキを探し、見つければその個体を対象に葉の大きさとか、切れ込みの度合いなどを調査し続けた。その結果、葉を見ることなく、幹を見るだけでそれがフネミノキかどうかわかる、フネミノキの判別名人になることができたのであった。日常生活を送る上ではまったく役に立つことのない特殊能力である。

フネミノキを探しながら森林内を歩き回っているうちに気がついたことが二つある。一つ目は、知らず知らずのうちにフネミノキの歌を作詞作曲し、それを口ずさみながら探している自分がいたことだった。ただただ無言で探し回って歩いているよりも、フネミノキの歌を口ずさみながら探し回るほうがなんというか自然と楽しい気持ちになるのだ。私はこのとき、歌のもつ不思議な力を実感した。音楽は最高である。

二つ目は、フネミノキがたくさん生えている場所と生えていない場所にむらがあることだ。たくさんの種が雑多によく混じって生えているのが熱帯林かと思っていたけれども、フネミノキは、局所的に集中して分布しており、一本見つかるとその近くに数本のフネミノキが生えていることが多かった。そして、分布の集中は地形と対応しているようにも見えた。フネミノキは水はけのよい尾根（隣り合う谷と谷とを隔てている突出した部分）や丘によく生えていたのだが、谷や沢沿いに生えていることはほとんど無かった。そのうちに、フネミノキの歌を口ずさみながら、尾根沿いにフネミノキを探すことが常になった。

さて、フネミノキは本当に水はけのよい尾根や丘によく生え、湿った谷には生えていないのだろうか？　これを定量的に示すためにはかなりの努力が必要になる。種多様性が高く、たくさんの種が出現するということは、面積あたり、種あたりの本数が少ないということだ。この熱帯林に設置した一ヘクタールの調査区のデータを見ると、調査区には直径五センチ以上の個体が千五百本くらい生えており、この調査区では三百種もの木が出現した。単純に割り算をすれば、一種あたりの個体数はたったの五本だ。フネミノキは個体数が多いほうだったけれど、それでも十本くらいしか生えていなかった。フネミノキの分布が尾根や丘に偏ることを示すためには、少なくとも百本くらいのフネミノキの分布データが必要だ（統計学の力を借りればこうした解析を行うために、どれくらいの本数が必要か計算することができる。ただし、この点も専門的になりすぎるので本書では割愛する）。単純な比率計算をすれば、百本程度のデータを集めようと思えば十ヘクタールの調査区が必要になる。しかし、十ヘクタールといえば、百メートルと一キロメートルの辺をもつ長方形の面積に等しい。フネミノキの分布が尾根に偏ることを示すためには、この面積に生えるすべての木の位置と、それがフネミノキかフネミノキ以外なのかという情報が必要になる。これを一人で行うとすれば数年はかかりそうで、私一人の力ではとうてい成し遂げることはできそうにない。このようにして、フネミノキは乾いた場所に生え、湿った場所を避けるということを印象だけでなく、データとともに示すことはあきらめざるを得なかった。

○その多様性は必然か偶然か：ニッチ論VS中立論

2　ニッチ論とハビタットニッチ

ところで、結局私はデータとともに示すことができなかったのだが、仮にフネミノキが谷沿いを避け、尾根沿いに生えていたとしよう。いや、実はフネミノキに限らず、ある種の分布がある特定の環境条件と重なっていることはよく観察されることである。それでは、生態学者はある種の分布がある地形条件（尾根や丘）のような環境条件と重なることを、どのように説明しているのだろうか？　この疑問に対する、生態学者による説明の一つである「ニッチ論」を紹介しよう。

ある種が分布している場所はハビタット（habitat：生活場所）と呼ばれている。ハビタットとは、生態学者にとってその生物を見つけに行く場所であり、フネミノキの場合、尾根や丘に該当する。ニッチ論では、ある種がある環境条件に合う場所をハビタットとしていることを

（1）ハビタットの環境がその種が生理学的に生育できる環境条件の範囲内であり、

（2）他の種とのハビタットの奪い合い（競争）の結果、その場所を勝ち取れた

からだ、と解釈している。

環境条件がその生物の生理学的に合っていることがハビタットの必要条件である点はイメージしやすいだろう。極端な話をすれば、インドネシアの熱帯林に生えている植物種を本州で見ることはない。たとえ熱帯樹種を本州に植えたとしても、熱帯樹種にとって冬のある本州の環境は過酷で、生理的に生育できる環境条件の外になり、根付かないだろう。熱帯樹種にとっては本州は生理学的に生育できる環境条件の範囲の外ということだ。

それでは、生理学的に生育できる環境条件の範囲内ならば、種はどこにでも生息するのだろうか？どうやらそうでもないらしい。それが（２）の内容で、生物は他種との生育場所の奪い合いを行い、生息場所を勝ち取れたときにだけ分布することができるようだ。というのも、カリフォルニアでツグミ（体長二十センチメートルくらいの鳥）の仲間の分布を研究したジョセフ　グリネル（Grinnell, J）が、ある種のハビタットが他種との関係で変化することを発見しているからだ。この発見から彼は、ハビタットも他種と奪い合わなければならない種の生活要求（生きるための必要条件。第７章４節参照）のひとつであると考えた。そして、この発見に基づいて、ハビタットとニッチ（第７章４節参照）の考えが統合され、**他種との関係で、ある種が実際に生息している環境条件を「ハビタットニッチ」と定義されるようになった。**

第７章４節にも紹介した「ニッチ」は、生態学の視点から自然環境下で多くの種が出現することを理解したいときに威力を発揮する重要で便利な言葉であるが、定義したり定量したりすることが難しいという面もある。「ニッチはとらえどころがない概念だなぁ」と思いながら第7章4節を読み進めた人もいたのではないだろうか。曖昧模糊としたニッチの概念の中でも、ハビタットニッチは、「(他の種との競争の結果勝ち取ることのできた)実際にある種が生息している物理的な空間」を指すのだから、定量もしやすいし、イメージもしやすい。

このように、**ある種の分布がある環境条件と重なることを(1)生理学的な制約と、(2)種間競争の結果だと説明する立場は、ニッチ論と呼ばれている。**注意してほしいのは、ニッチ論も仮説の一つにすぎず、そのように考えればある種の分布がある特定の環境条件に集中することをうまく説明できるだけにすぎない。ニッチ論も他の仮説と同じように、正しいという保証などどこにもない。

3 マレーシア・ランビルヒルズ国立公園での調査

フネミノキの分布と地形の対応に関する研究をあきらめてから数年後、幸運にもマレーシア、サラワク州にあるランビルヒルズ国立公園で熱帯林の調査を行う機会に恵まれた。サラワク州は、先に私がフネミノキを調査していたインドネシア、西カリマンタン州の熱帯林と同じボルネオ島に位

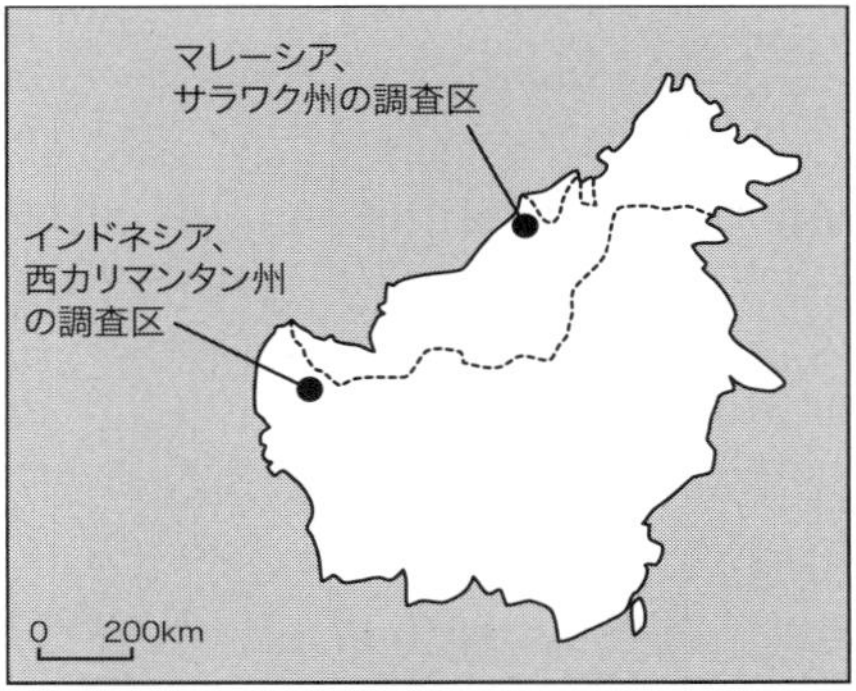

図 8-1　ボルネオ（カリマンタン）島における調査区の位置

置している（図8-1）。

ランビルヒルズ国立公園には一九九二年に設置された五十二ヘクタールにも及ぶ世界最大の調査区があり、私はこの調査区で研究することができた。私が研究を行ったころには、調査区のどこに、どの木が生えているかという情報が既に収集済みだった。データを見ると、調査区にはフネミノキはあまりたくさん出現しなかったけれども、代わりにフネミノキの近縁種であるボルネオフネミノキがたくさん生えていて、調査区全体で千百本以上の個体が分布していた（ちなみに、調査区には全部で三十五万八千本の樹木が生えていた）。これだけの個体の分布情報が集まれば、ボルネオフネミノキが熱帯林でどのような地形に生えているのかを確かめることができるに違いない。

すでに調査区のどこにボルネオフネミノキが分布しているかという記録がとられているのだから、そのデータを紐解いてボルネオフネミノキの分布と地形の対応を調べればいいと思うかもしれない。しかし、私はこれを躊躇《ちゅうちょ》した。それよりもまず、実際に調査地に赴き、自分の目でボルネオフネミノキがどこに生えているのか確認することが重要だと考えた。

私のように考える生態学者は少なくないだろう。私がランビルヒルズ国立公園に向かった理由は単純だ。私が興味があるのはデータそのものではなく、そこに刻まれたボルネオフネミノキの生き様のほうだからだ。この生き様を、つまり調査地の状態やボルネオフネミノキの状態を肌で感じることが、研究を進めるためにどうしても必要だと思ってしまうのだ。それに加えて、現地に生える実際の植物とデータを見比べることで、データの信頼性なども自分の目で確認することができる。こうした理由からフィールドワークを行った。

ボルネオフネミノキが調査地のどこに生えているかという位置情報を基に、調査区内のすべてのボルネオフネミノキを観察する調査を行った。ボルネオフネミノキという「聖地」を回る、お遍路さんのような調査だった。結局、すべてのボルネオフネミノキを見るためには一か月くらい調査区内を這いずり回ることが必要だった。ただ、この調査のおかげで、どういったところにボルネオフネミノキが生えやすいのか、自分の中のイメージをもつことができた。新たにボルネオフネミノキの歌も作詞作曲できた。

ボルネオフネミノキの分布の確認データを携え帰国し、さっそくそれを解析してみた。調査区を「尾根」、「斜面」、「谷」の三つの地形区分に分類し、その上にボルネオフネミノキの分布を重ねて

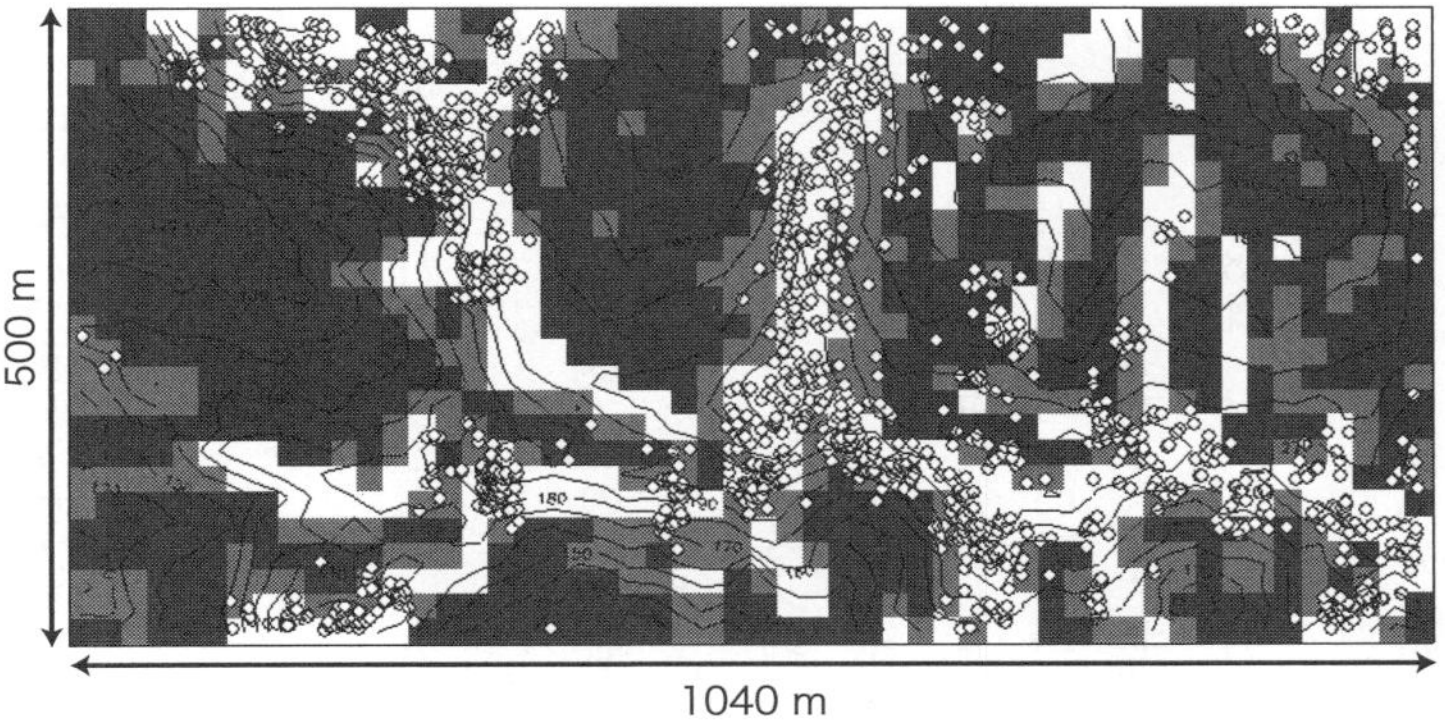

図 8-2　マレーシア・サラワク州にあるランビルヒルズ国立公園内の 52 ha 調査区におけるボルネオフネミノキの分布図

みると、予想したとおり、私がインドネシア、西カリマンタン州の熱帯林で見たフネミノキのように尾根に集中しているように見えた（図8-2）。しかし、「そう見える」という結果の見せ方では、個人の感想のレベルに過ぎない。第2章で論じた通り、結果を定量的、客観的に示す必要があり、第2章26節で論じた通り、結果を客観的に解釈するには統計学の力を借りることが必要だ。

ある種の分布がある環境条件と重なっていることを統計学的に示すためには、トーラス・ランダマイゼーションと呼ばれる技法を用いるなどの複雑な工夫をする必要がある。これらの統計学的な技法を理解するにはかなりの専門的な知識が必要なため本書では割愛することにするが、こうした技法を駆使した結果、ボルネオフネミノキは尾根部分に集中して生えていることを示すことができていた。ちなみに、ボルネオフネミノキは、尾根には谷の九倍、斜面の二・五倍もの高い密度で生息していた。

4 トートロジー再び

統計学の力を借りて、地形とボルネオフネミノキの分布の重なりを「偶然そうなったのではない」と言える結果として示すことができた。ボルネオフネミノキは谷沿いを避け、尾根沿いに生えていたのだ。それでは、この結果をもって「ボルネオフネミノキのハビタットニッチは尾根である」と言ってよいだろうか？　実は、ある種の分布と環境条件の一致は、ニッチ論の決定的な証拠にはならず、ニッチ論を支持する（弱めの）状況証拠に過ぎないと考えられている。

先ほどの結果から、尾根がボルネオフネミノキのハビタットということに問題はない。しかし、ボルネオフネミノキの尾根に偏る分布が「他種との競争関係により決められているかどうか」までは実験などで確かめていないので、尾根がハビタットニッチとまでは言うことはできない。もしこの状況で、ボルネオフネミノキの分布と環境条件の一致をハビタットニッチと結び付けようとすると、第4章8節（3）①で紹介したトートロジー（同語反語）に陥ってしまう。この点について考えてみよう。

ボルネオフネミノキの分布が尾根に集中していたことから「ボルネオフネミノキのハビタット

ニッチは尾根である」と結論付けたとしよう。この論法が誤りであることは、次のことを考えればわかる。まず、この結論の根拠を考えると、今言ったばかりの「ボルネオフネミノキの分布が尾根部に集中していた」という事実にある。それでは、なぜボルネオフネミノキの分布は尾根部に集中するのだろうか？　この問いに対する答えは、「尾根部がボルネオフネミノキのハビタットニッチだから」になる。では、尾根部をボルネオフネミノキのハビタットニッチと考える根拠はどこにあるだろうか？　その根拠は再び、「ボルネオフネミノキの分布が尾根部に集中していた」という事実だ。このように、この論の立て方では「集中して分布している所」と「ハビタットニッチ」がひっきりなしに入れ替わる循環論法の誤謬に落ちてしまう。

本来、ハビタットニッチとは「その種が利用（分布）することができる物理的な生息場所で、ある種が他の種との競争関係において有利になっている」という意味である。にもかかわらず、「その種が実際に分布している所」のみをハビタットニッチと定義してしまうがためにこのような循環論法が起こるのだ。

このトートロジーから逃れるためのもっともよい方法は、本来のハビタットニッチの定義通りにボルネオフネミノキのハビタットニッチを決定してやることである。例えば、ボルネオフネミノキを競争相手となる他の種と一緒に、かつ、いろいろな環境に植えるという栽培実験を行えばよい。もしボルネオフネミノキのハビタットニッチに該当する環境条件ならばボルネオフネミノキが生き残り、そうではない環境条件に植えられたボルネオフネミノキは他種との競争に敗れ枯死することだろう。そして、この栽培実験によりあらかじめボルネオフネミノキのハビタットニッチに該当する環境条件を把握しておき、熱帯林内でも、栽培実験と同じ環境条件にボルネオフネミノキが集中して生えていれば、ニッチ論の実証となる。もしくは、とても荒っぽい解決方法だけれども、

「植物はハビタットニッチに集中して分布する」

という新たな仮定を置くことで、このトートロジーから逃れられる。この仮定を認めさえすれば、先の循環論法で、尾根部をボルネオフネミノキのハビタットニッチと考える根拠は？　と問われたとき「集中して分布したところをハビタットニッチと考える約束だよね」と答えて、循環を止めることができるからだ。

しかし、この仮定は実証的に確かめられたわけではなく、当然、正しいとは言い切れない。この部分が依然として仮定のままなのだから、「ある種の分布と環境条件の一致」という事実自体は、「仮定が正しければ」という条件の付いたニッチ論の弱い証拠にしかなれないのである。

……読者の中には、「第7章と矛盾した説明ではないか」と考える人もいるかもしれない。第7章では、「仮説―予言―実証データの間の論理的な整合性が「わかった」の基準だと説いていたからだ。確かにここでも、予言と実証データの間の整合性はとれている。第7章に照らし合わせれば、これで問題がないはずだ。しかし、問題の設定、つまり、仮説と予言の関係に注意してほしい。設

定された問題（＝予言）に、「仮定が正しければ」というあやふやさが残っているのだから、この予言に答えたとしても、仮説にどれだけ迫れるか疑問が残ってしまうのである。

5　ニッチ分割説

ボルネオフネミノキの分布と尾根との対応をニッチ論の視点から眺めてきたが、今度はニッチ論をボルネオフネミノキだけに限らず、多くの種に当てはめて考えてみよう。熱帯林には多くの樹木種が出現する。インドネシア西カリマンタン州に設置した一ヘクタールの調査区には三百種が、ランビルヒルズ国立公園に設置された五十二ヘクタールの調査区には千百七十二種が出現した。

なぜ、かくも多くの種が熱帯林に出現するのだろう？　生態学の中には、多くの種が出現している状況を多くの種が共存していると読み替えて、次のように説明する学説がある。

第７章４節で登場したガウゼによれば、それぞれの種が他の種と異なるニッチをもてば種間競争が回避でき、多くの種が安定して共存することができるのだった。だから、熱帯林に出現するそれぞれの種が他の種と微妙に異なるニッチをもっていると想定することで、多くの種の共存を説明することができる。

この考えでは、熱帯林内の環境は極めて不均質でなければならない。もしそうならば、このような不均質な熱帯林の環境はたくさんのニッチを含むことが可能となり、結果として多くの種の安定した共存を許すことになる。

以上をまとめると、**熱帯林内の環境の不均質性が種間のニッチの差と結びつき、種間競争が回避され、多くの種の安定した共存を可能にしているという考えになる。熱帯林にたくさんの種が出現することをこうして理解する立場は、「ニッチ分割説」と呼ばれている。**もちろんニッチ分割説も熱帯林の種多様性を説明する仮説の一つに過ぎず、これが正しい保証もどこにもない。

6　熱帯林のハビタットニッチとは？

熱帯林には千種を超える種が出現する。そうすると、それぞれの種に対応した千を超えるニッチがなければ、先ほど説明したようなニッチ分割による種の安定共存は見込めない。熱帯林は極めて不均質だと想定したとしても、ニッチを本当にそんなにたくさん生み出せるのだろうか？　もしかすると、これから説明するように考えれば、千を超える植物種それぞれに対応するニッチを熱帯林内に見出すことができるかもしれない。

私の研究では、ボルネオフネミノキの分布を地形と対応させた。地形は人間にとって定量しやすい環境条件だが、植物にとって地形とはいったいどんな環境条件に該当するのだろうか？　実は、植物にとって地形は多くの物理的な要因がおりなす複合環境である。尾根は水はけがよいと簡単に述べてきたが、雨が降らない日が続けばとても乾燥してしまうし、雨が降り続けても土壌が嫌気状態にはなりにくい。つまり、尾根は土壌の水分状況と関係する。しかし、水分条件だけではなく、土壌の養分状態とも関係する。土壌中の養分も水分に溶け込んで移動するので、尾根からは養分が流れ出しやすく、栄養状態が悪くなりやすい。ある植物が尾根に集中して生えていた場合、もしかするとその植物種には水分状態が重要かもしれないし、はたまた、栄養状態のほうが決め手になっているかもしれない。それならば、地形という大枠での条件を植物の分布を対応させるよりも、土壌中の水分状態や養分状態と直接対応させるほうが環境条件を洗練させることができる。

地形をさらに細分化させることも可能である。ボルネオフネミノキでは、地形を単純に尾根、斜面、谷の三つのハビタットに分けてしまったが、尾根の中にだって水はけのよい砂でできた尾根もあれば、水分を保持する力が強い粘土でできた尾根もある。日当たりのよい南向きの尾根もあれば、暗い北向きの尾根もある。地形だけでもさらに細かく分けていき、細かいハビタットニッチを考えていくことも可能だ。

地形以外の環境条件も植物の分布に影響を与える。例えば、光環境は植物の分布に影響を与える要因として知られ、かつ、森林内で光条件は大きく変化する。森林内には大きな木が枯死したり倒れたりすることでできる林冠ギャップと呼ばれる明るめの場所がところどころに形成されている。林冠ギャップの明るさは、大きい林冠ギャップは小さい林冠ギャップより明るいというように、その広さに応じて変化する。また、林冠ギャップではない場所も一様に暗いというわけではなく、木漏れ日が当たりやすいやや明るめ場所から、木漏れ日さえほとんど当たらないとても暗い場所まである。このように不均質な光環境をハビタットニッチと関連させることもできるだろう。

こうして環境条件を洗練させたり細分させたりし、さらにさまざまな環境条件の組み合わせを考えていけば、「とても乾いた日当たりのよい尾根」とか「乾きづらい日当たりの悪い尾根」といった具合に無限のハビタットニッチを熱帯林内に想定することが可能である。このように考えれば、ハビタットニッチ分割による熱帯樹種の安定的な共存もあながち夢物語ではないかもしれない。

7　中立論

一方、ニッチ分割論と対極にある「中立論」と呼ばれる考え方でも熱帯林の高い多様性を説明することもできる。**中立論は、前提として「種間に競争能力の差はない」、「種はニッチ分割などしていない（ニッチはどの種でも同じ）」と仮定する。**それぞれの種は我々の眼から見て他の種とは識別可能な形態的な特徴をもっているので、とかく私たちは（第6章7節で私がやったように）、この形態的な差をニッチの違いに結び付けて考えがちである。しかし、中立論では、種間でいかに形態が異なっていても競争力は皆同じと考えるのだ。

ニッチ分割説による熱帯林の多種共存の見立てでは、競争力に種間差があることを想定していた。競争力に差がある場合は、競争に優れた種が劣った種を駆逐するのであった（第7章4節参照）。そのため、一つの資源を巡る競争ならば、競争に優れた一種のみしか生き残れない。ただし、環境が不均質で、環境の変化に合わせて奪い合う資源が変化するならば、競争の末、生き残れる種が奪い合う資源とともに変化するため、結果として多くの種が安定して共存できる。

それでは競争力に差がない場合、種多様性は時間とともにどのように変化するのだろうか？　種間で競争力に差がないのだから、森林内のある種の個体数が増えるのか、はたまた減るのかは偶然のみによって決まることになる。偶然によりある種の個体がたまたまたくさん枯死し、その種が森林から絶滅することもあるだろう。ある種が偶然により絶滅して減った個体の数だけ、偶然生き残った種のうちのどれかが、これまた偶然に個体数を増やすだろう。この偶然の過程が繰り返されるとどうなるのかというと、最終的には偶然だけの力で、もともといた種のうちの任意の一種が森林を埋め尽くすことになる。……競争力に種間差がない中立な状態では、共存など全然できないし、高い種多様性は説明できない。中立論敗れたり！　なのか!?

しかし、そもそも中立論は安定した多種共存など考えていない。中立論では、偶然によりある一種が絶滅したり、寡占する状態に達したりするためには気の遠くなるほどの時間が必要なことを強調する。現在までの研究によると、数学的な解析（ゼロサムゲームを想定した行列式のマルコフ連鎖を用いた解析なので、理解するには数学の知識が必要となる。このため本書ではこの解析の詳細は割愛する）の結果は、一種が森を独占する状況に達するまでに百万年以上の時間が必要なことを示していた。つまり、中立論では多くの種が永遠に共存することは不可能だけれども、百万年くらいの時間スケールならば二種以上が共存し続けることが可能だと考えているのだ。

人類が熱帯林の定量的なデータを集め始めてから、長く見積もっても百年くらい、大規模調査区のデータを取り始めてからはたかだか数十年しかたっていない。この時間は、先の百万年以上の長期間に比べれば一瞬だ。私たちにはまだ、熱帯林に出現する多くの種が安定して共存しているのか、それとも偶然によりそのうちのある一種の寡占状態に向かう最中にあるのかはわからない。もしかすると、熱帯林は中立論が予想する「偶然が支配する世界」なのかもしれない。この点については、生態学者の間でも統一した見解が得られていない「ナゾ」の一つなのだ。

○仮説演繹で熱帯林の謎に挑む！

8　散布制限

ところで、ボルネオフネミノキのようにある種の分布がある特定の環境条件と重なっていること

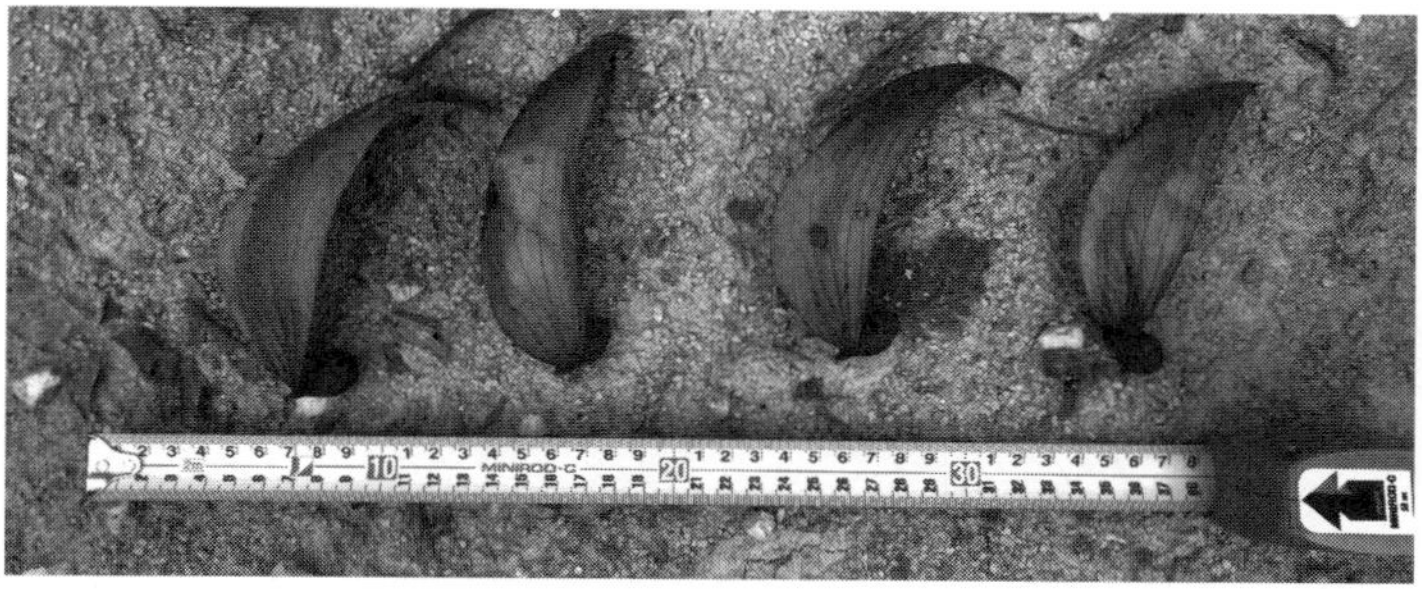
写真2　フネミノキの果実

を、中立論はどのように解釈するのだろうか？　植物の分布と環境条件の一致は、中立論が掲げる「種間にニッチの差がない」という前提と矛盾するはずだ。

中立論は、この植物の分布と環境条件の一致を少し変わった方法で説明する。一度根付くと移動できない植物の分布に重大な影響を与えるのが、植物が唯一移動できるチャンスである種子が、どれくらいの量、どこまで散布されるかということである（これを種子散布パターンと呼ぶ）。あたりまえだが、植物は種子がたどり着いた場所にしか根付くことができない。インドネシアの熱帯林に生える植物は、アマゾンの熱帯林に植えてやれば根付くかもしれないが、インドネシアの熱帯林に現れる植物がアマゾンの熱帯林に現れることはない。インドネシアの熱帯林はアマゾンの熱帯林から太平洋をはさんで数千キロメートル以上も隔てられており、種子がたどり着けないことが大きな理由だろう。

植物は羽が付いた種子を作ったり、動物に食べられる種子を作ったりして、種子を親木から遠くに散布しようと工夫する。し

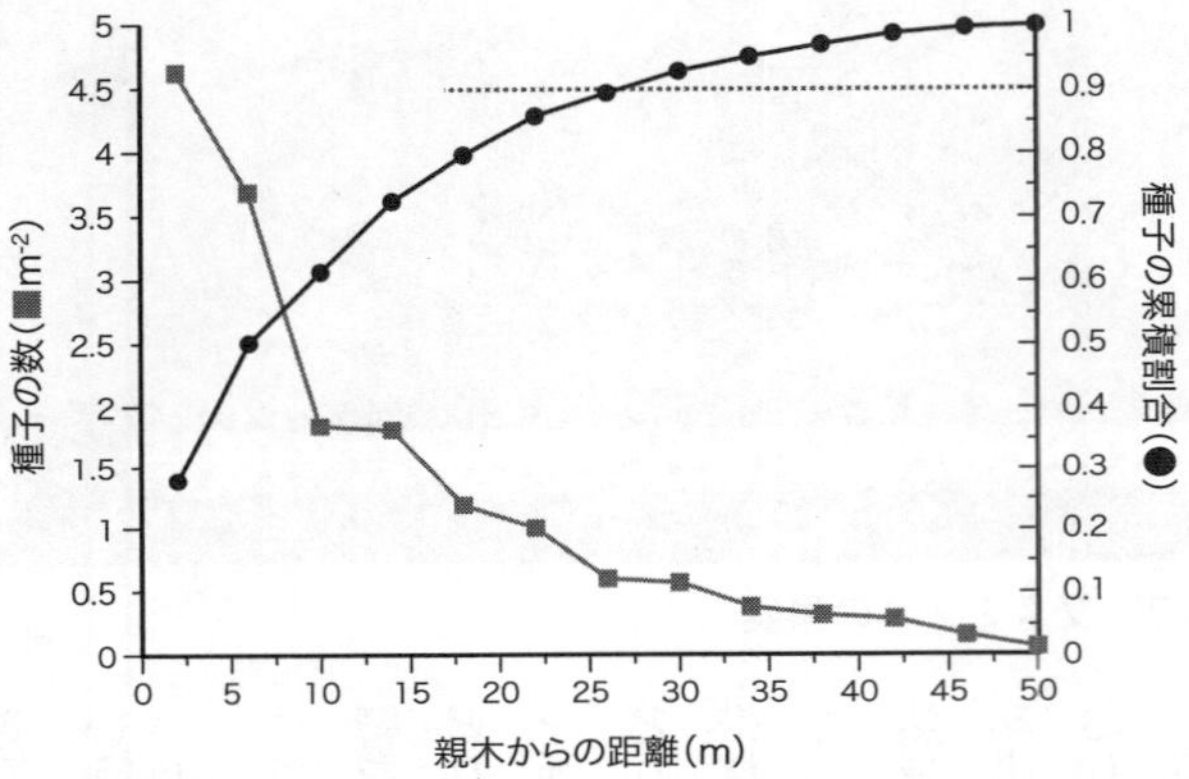

点線は種子の累積割合 ＝ 0.9を示す。

図 8-3　親木からの距離が増すにつれ急速に下がるフネミノキの種子の密度

かし、どれだけ工夫してもほとんどの種子は親木の周りに散布される。フネミノキは船型の羽根をもち、風により運ばれる果実を作る（写真2）。この果実の形が、私がこの木をフネミノキと名づけた由来だ。インドネシアでフネミノキの種子散布を調べたところ、ほとんどの種子は親木の周りに落ちてしまい、親木から三十メートル以上離れたところまで運ばれた種子は全体の十パーセント以下しかなかったし、四十メートル以上まで達した種子は三パーセントぐらいだった（図8-3）。

種子は親木の近くの限られたところにしか散布されないということを「散布制限」と呼んでいる。この種子散布パターンに引きずられ、同種の個体は親木の周りに集中して分布することになる。中立論の立場では、ある植物の分布と環境の一致は、散布制限により作られた集中分布が、たまたまある環境条件と重なっているだけだと考える。私たちの目には、植物の分布と環境条件が重なっているように見えているけれども、それは散布制限が作り出す錯視だというのだ。たしかに、一理ある自然の捉え方である。

９　中立論は実証できない

中立論が正しいかどうかは別として、中立論が生態学者に大きなインパクトを与えたことは確かである。中立論が注目され始めたのは一九八〇年代のことである。それまでの生態学では、多くの種が出現するのはニッチ分割の結果だと当然のように考えていたのだから、中立論は青天の霹靂であった。今では、中立論は熱帯林の多様性を説明する異端の学説ではなく、強力な説明仮説のひとつという地位を得ている。熱帯林の高い多様性に関する論文は今でも多く出されているが、中立論に言及しない論文はめったにないくらいにまで浸透している。

しかし、中立論には論理的な問題があるとも言われる。それは中立であること、すなわち種間にニッチの差がないことを実証することがほぼ不可能な点にある。ニッチの差があることを示すためには、地形と関係したハビタットニッチなどの何らかのニッチが異なることを一例でも示せばよい。一方、中立論を受け入れるためには、すべてのニッチが異ならないことを示す必要がある。例えば、地形と対応したハビタットニッチに差がない種間でも、光環境と対応したハビタットニッチには差があるかもしれない。無限に想定できるニッチの一つ一つに差がないことを示しつくすことなど土台無理な話である。よって、中立論は検証不可能な、問題設定に間違いがあるとも言われることがあるのだ。

10　ニッチ論を仮説に置き、予言を演繹する

とはいえ、ニッチ分割論を実証することだって、中立論と同じくらい困難である。先に述べたとおり、ある種の分布と環境条件の一致は、ニッチ論の状況証拠にしかなれず、ニッチ論の実証と言うには弱すぎる。

私は、ボルネオフネミノキの分布と尾根との対応を見ながら、「この分布が偶然形成されるわけがない。ニッチ論が正しいはずだ」と思っていた。しかし、分布パターン以外からニッチ論の正しさを示しあぐねていたのだった。何を、どのように提示すればニッチ論の実証研究になるかが思いつかず、悶々とした日々を過ごしたのを覚えている。

ある日、ボルネオフネミノキの分布と環境条件の一致という分布パターンを見ているだけでは情報が不十分で、ニッチ論の実証は成しがたいことに気がついた。そして、調査時に見られた分布と

地形条件の一致のパターンが「将来どのように変化するのか」を考えることが、ニッチ論の実証研究のヒントとなるように思えた。というのも、次のようなことを考え始めたからだ。

調査時点でボルネオフネミノキは、尾根には谷の九倍、斜面の二・五倍の高い密度で生息していた。今後、調査区に生えていたボルネオフネミノキの何本かは時間とともに枯死するだろうし、新しい個体が時間とともに芽生えてくるだろう。将来の個体数は、枯死した個体数と生き残った個体数、そして新しく芽生えた個体数（これを加入という）の関係で決まる。それでは将来、尾根、谷、斜面の間の個体数はどのように変化するだろうか？　みなさんにもぜひ予想してほしい。

ある人は、尾根のボルネオフネミノキは個体数を増やしてゆき、谷では個体数を減らしていくと予想しただろう。この場合、尾根と谷との個体密度の差は、時間とともに増えていく。また、尾根でも谷でも、調査時の個体数が将来も維持されるという予想をした人もいるだろう。この場合は、調査時点で観察したのと同じくらいの尾根と谷の個体密度の差が将来も観察されることになる。はたまた、尾根では個体数が減少し、谷では個体数が上昇し、尾根と谷との個体密度の差が小さくなるという予想だって立てることができるだろう。

自由に考えることが許されれば、尾根や谷の個体数はいかようにも変化できる。しかし、ニッチ論を土台に考えれば（＝ボルネオフネミノキの分布と地形の一致がニッチ論で説明できると考えれば）、将来の個体数の予想はひとつに絞られる。

ニッチ論では資源をめぐるし烈な種間競争の結果、自然が供給する資源量と生物種の資源の需要（個体数）が釣り合っていることを想定している。つまり、それぞれの種は、その種が勝ちとれた資源量いっぱいまで個体数を増やし、その後はその個体数を維持すると考える（個体数が増えも減りもしなくなった状態を平衡状態という）。この想定では、自然の中でのある生物種の個体数は、その種の勝ち取ることができた資源量に依存して決まることになる。そして、ある種が勝ち取ることができる資源量は他種との競争関係で決められるので、自然が供給する資源量と競争相手が決まれば、決定論的にある種が利用できる資源量も決まってしまい、個体数も決まってしまう。

第7章4節で登場したガウゼのゾウリムシの実験を用いて、このイメージをつかんでいこう。ゾウリムシとミドリゾウリムシをそれぞれ単独で水槽で育てると、両種とも水槽の大きさと餌の量に応じて、最終的に達する個体数が決まってしまう。この個体数を環境収容力という。こうなることは、それぞれの水槽でゾウリムシが資源量いっぱいまで個体数を増やしていると考えることで説明できる。今度は両種を同じ水槽で一緒に育ててやると、単独で飼育したときと比べれば両種とも個体数は減るものの、最終的には両種ともこれ以上増えも減りもしない個体数に達する。これが混合飼育時の環境収容力だ。両種とも単独飼育に比べ混合飼育時に環境収容力が下がるのは、餌や空間をめぐる種間の競争のせいである。そして混合飼育時には両種とも、種間競争の結果その種が勝ち取ることのできる資源量いっぱいまで個体数を増やしていると理解する。

このゾウリムシの飼育実験と同様に、出現するそれぞれの種が競争の結果勝ち取ることのできる資源量いっぱいまで自然条件下でも個体数を増やしていると考えるのがニッチ論だ。自然が供給する資源量や競争相手が時間とともにコロコロと変わるとは想定しにくいので、ある種は将来も、現在獲得できている程度の資源を獲得できると考えることができる。ニッチ論から考えれば、尾根も谷も斜面も個体数は平衡状態に達しており、調査時の個体数が将来も維持されるという予想以外はあり得ないのだ。逆に、時間とともに個体数が明らかに増えたり減ったりするのは偶然のせいだろうから、この場合は中立論に有利な結果となる。

このようにして、ニッチ論を仮説に置けば、

「尾根、谷、斜面の個体数は平衡状態に達しており、時間が経とうが変化しない」

という予言を演繹することができ、これは野外データで実証可能である。この予言を思いついたとき、目の前がぱっと開けたように感じた。私が科学を行っているときに「ちょー気持ちいい」と感じる一瞬である。

第５章５節流に考えると、私の研究はニッチ論というよく知られた学説（パラダイム）を仮説に置いたパズル解きとしての通常科学になる。そして、私の研究の独自性は、よく知られた仮説からまだ誰も思いついていなかった予言を演繹したところだと思っている。

11 予言の実証方法

ニッチ論から予言を演繹することができた。次は、どうやってこの予言を実証するかが問題となる。生態学者はある地域に生える同種個体の集合を個体群と呼び、個体群をつくる個体の数が時間とともに変化する様子を個体群動態と呼んでいる。尾根、谷、斜面の個体群動態を詳しく調べていけば、予言の実証になることにはすぐに気がついた。問題はデータだ。個体群動態を調べるためには、枯死や加入、成長に関するデータが必要で、これを集めるためには少なくとも数年はかかる。

しかし、幸運なことにデータ集めは問題にならなかった。私がこの実証研究を行おうと思ったときにはすでに、ランビルヒルズ国立公園に設置された五十二ヘクタールの調査区の十年に及ぶ植物の枯死、加入、成長のデータが集められていた。これを利用すれば予言を検証することが可能だ。

個体群動態を調べるためには個体群統計学の力を借りることが必要だ。私はその技法のひとつである個体群推移行列を利用して個体群動態を調べることにした。それでは、私が利用した個体群推移行列について、ごく簡単に紹介しよう。

生き物は、例えば、赤ちゃん、子ども、若者、お年よりといった生育段階に分けることができる。そして、生育段階ごとに生残率、成長速度、繁殖の可能性や産出する子の数が変わる。「若者の死亡率は低いし、子どもを作れる。でも、お年寄りになると若者より死亡率は高いだろうし、子どもを産むことはあまりない」といった具合だ。植物も、種子、実生《みしょう》（種子が芽生えたもの）、若木、成熟木といった生育段階に分けることができる。

こうした生育段階ごとの特性を野外調査で明らかにし、それを行列式の形で表したものが、個体群推移行列だ。野外調査の結果から個体群推移行列を組み上げる工程はかなり複雑になるので、解説は生態学の専門書に譲ることにしよう。ただ、個体群推移行列が作れてしまうと、とても便利なことが起こるというのを知っておいてほしい。その行列式を線形代数学的に解析してやれば、その行列で示された生き物の将来を予測することができるのだ。（個体群推移行列を用いた生き物の特性の解析を理解するには、線形代数学の知識が必要となるので、個体群推移行列の解析についても突っ込んだ説明はしないでおく。その数学的な背景の説明は省き、この先を読み進めるために必要な情報だけ紹介しておこう）

行列式の線形代数学的な特性に、行列式を解析的に解くことで求めることができる「最大固有値」がある。この最大固有値は、その行列をもつ生き物が時間とともに増加するか、それとも減少するかを予想することに利用できる。最大固有値が一・〇より大きければ、時間とともに個体数が増加し、一・〇より小さければ時間とともに個体数が減少する。最大固有値が一・〇から外れているかどうか確かめれば、「ボルネオフネミノキの個体数は将来も維持される」という予言の検証を行うことができるのだ。個体群推移行列の最大固有値は、生態学者の間では個体群増加速度と呼ばれている。

私は野外調査の結果から個体群推移行列を組み上げ、この行列の最大固有値（＝個体群増加速度）を計算することで予言の検証を目論んだ。

12　ホームアドバンテージ

ニッチ論から演繹することで、「尾根、谷、斜面のどの地形区分でも、現在の個体数が将来も維持される」という予言を得ることができた。これに加えて、私は「ホームアドバンテージ」を信じていた。ホームアドバンテージとはスポーツにおいて、自軍の本拠地で開催される試合（ホームゲーム）のほうが相手軍の本拠地で開催される試合（アウェイゲーム）よりも有利になることを表す言葉だ。なぜそうなるのかはわからないけれども、実際にスポーツの結果を見ると、ホームゲームのほうがよい結果を残しているチームが多い。

ボルネオフネミノキにもホームアドバンテージの考えが当てはまるかもしれない。つまり、ホームハビタット（尾根）に生えたボルネオフネミノキのほうが、アウェイハビタット（谷）に生えたものよりも成長速度や生残率が高くなるかもしれない。

ホームアドバンテージが現れつつ、すべての地形区分で現在の個体数が将来も維持される（平衡状態となる）」。このことを両立させるためには、どんな状況を考えればよいだろうか？　私が思いついたアイデアは、「現在の個体数が将来も維持されるための方法は地形区分の間で異なる」、というものだ。

私のこの考えは、銀行の貯金残高になぞらえると理解しやすいかもしれない。例えば、いつ残高照会をしても十万円のお金が入っている銀行口座がいくつかあったとしよう。いつでも十万円から変化しないのだから、それぞれの口座は十万円を維持していることになる。でも、その維持の方法は口座ごとに異なってもおかしくない。ある口座は毎月百万円が振り込まれるが、その百万円を一か月のうちに使い切っているかもしれない。ある口座では、お金が振り込まれることがない代わりに、口座のお金はまったく利用されていないかもしれない。金額の多少が違っても、口座への入金と出金が釣り合えば口座残高は維持される。この例えをもとにボルネオフネノミキの例を考えると、たとえ地形区分間の枯死と加入の差はあっても、それらが釣り合いさえすれば、現在の個体数が維持される。

例えば、「ホーム（尾根）のハビタットでは成長速度が速く、加入もたくさんあるのだが、その分枯死しやすい」とか、「アウェイ（谷）のハビタットでは、成長は遅く加入が少ない代わりに、枯死も少ない（生存率が高い）」という、地形区分間の個体群維持の方法の違いが観察されるだろうと予想した。

こうした予想をもって、ボルネオフネミノキの個体群動態の解析を進めた。

13 個体数は平衡状態だった。しかしホームアドバンテージは……

十年間のデータをもとにして、尾根、谷、斜面についてそれぞれ生育段階ごとの生残率、成長速度、繁殖の可能性や産出する子の数を決定し、個体群推移行列を組むことができた。さて、この行列式の最大固有値（個体群増加速度）を求めると、どの地形区分でも一・〇にとても近く、統計学を用いても個体群増加速度の値が一・〇から外れていることを示すことができなかった。この場合、個体群増加速度は一・〇とみなすべきであり、予言どおり尾根、谷、斜面のどこでも個体数は今後維持されるという結果となった。つまり、ニッチ論と矛盾しない結果である。

ここで第2章20節の復習をしよう。予言が真（＝正しかった）のときは、仮説（この場合はニッチ論）をどう取り扱うべきであっただろうか？　予言が真であったとしても、仮説まで真であると結論づけてはいけなかった。仮に中立論が正しかったとしても、たまたま予言が真になることだってありえるのだ（第2章20節参照）。だから、ニッチ論はただ単に否定されることを免れた、つまり仮説として生き残ることができたという扱いになる。

さて、私の狙い通り、この実証研究によりニッチ論を生き残らせることができた。ただ、腑に落ちないこともあった。ホームアドバンテージがまったく観察できなかったのだ。尾根のハビタットでは、成長速度が速かったり、生残率が高くなったりするべきだと私は勝手に思い込んでいたのだけれども、実際はまったく違っていた。

データを見ると、生残率は三つの地形区分でまったく変わらなかった（図8-4）。さらに成長速度を見ると、なぜかホームハビタットである尾根が一番遅く、成木一本あたりの繁殖率も、尾根が一番低かったのだ。これではホームアドバンテージというよりも、ホームディスアドバンテージである。ホームである尾根のほうが不利になるような結果を前に、首を傾げるしかなかった。

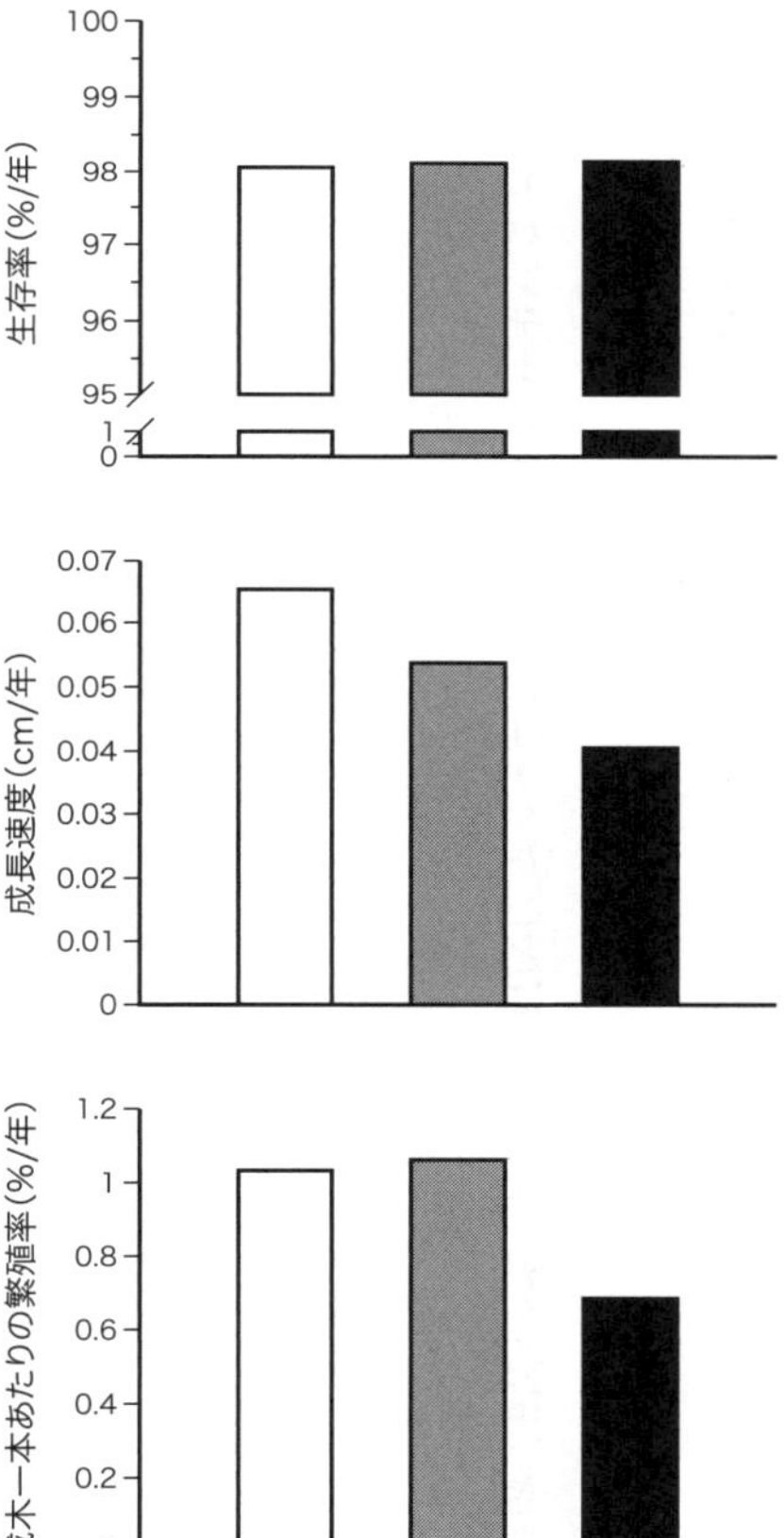

図 8-4　ボルネオフネミノキの谷、斜面、尾根での生存率・成長速度・繁殖率の比較

ホームディスアドバンテージとも呼べる結果が出たにもかかわらず、どの地形区分も個体群増加速度が一・〇から変わらなかったのには理由がある。樹木のような長寿の生き物では、個体群増加速度に与える成長速度や繁殖率の影響はきわめて限定的で、生残率の影響をとても強く受けることが知られている。ボルネオフネミノキの場合、生残率が三つの地形区分で変わらなかったのだから、各地形の個体群増加速度がほとんど変わらなくてもうなずける。

一通り解析が済んだものの、当時の私はこの結果を公表することにいささか不安を覚えていた。ホームアドバンテージを見つけられなかったことに対する違和感を払拭できなかったのだ。

14 ホームアドバンテージはない？

北米の気鋭の生態学者Russoたちの研究が発表されたのはそんなときだった。彼女たちも、ランビルヒルズ国立公園の五十二ヘクタール調査区を利用して植物の分布を研究していた。彼女たちは私とは異なり、地形でなく土壌に注目し、土壌条件と植物分布の関係についての研究を進めていた。ランビルヒルズ国立公園の母岩は堆積岩からなり、砂岩の層と頁岩の層が交互に積み重なっている。長年の降水や風による土壌浸食の末、地表面に砂岩が出ている所では、砂岩由来の砂が多く堆積した土壌ができるし、地表に頁岩が現れた所では頁岩由来の粘土を多く含んだ土壌ができ上がる。

土壌中の砂や粘土の多さは、土壌の養分（一般に粘土より砂のほうが貧栄養）や水分（一般に粘土より砂のほうが乾きやすい）に影響を与える。こうした土壌環境に対応して、砂の多い土壌に多く出現する種や、粘土が多い所に多く出現する種が現れる。

Russoたちは調査区を土壌中の砂、シルト（細かい砂）、粘土の割合から、（1）砂質土壌、（2）ローム、（3）細かいローム、（4）粘土質土壌の四区分に分け、これらの土壌区分と七百六十四種の植物種（＝解析に耐えるだけの個体数が出現したもの）の分布の重なりの程度を調べた。その結果、少なくともどれかひとつの土壌区分に偏って分布していた種の割合は、なんと七十三パーセントにも及んでいたことを明らかにした。地形と土壌で物理環境は異なるが、この森ではボルネオフネミノキのようにある物理環境に偏って分布する種が大多数だったのだ。

さらに研究は進み、各土壌区分に集中して分布するさまざまな種の成長速度と生残率が土壌区分ごとに比較された。彼女たちは、ある土壌区分をホームハビタットとする種の成長速度や生残率は他の土壌区分をホームハビタットとする種より高いと予想した。つまり植物と土壌の間にはホームアドバンテージの関係が存在するため、観察されたような植物の分布の偏りが作られるのだと考えたのだ。感覚的に正しそうに見える、見事な予想である。

しかし、データは予想を裏切った。成長速度を見ると、水分条件も養分条件も悪い砂質土壌に集中して分布する種は、ホームハビタットの砂質土壌においてさえ、他の土壌をホームハビタットに

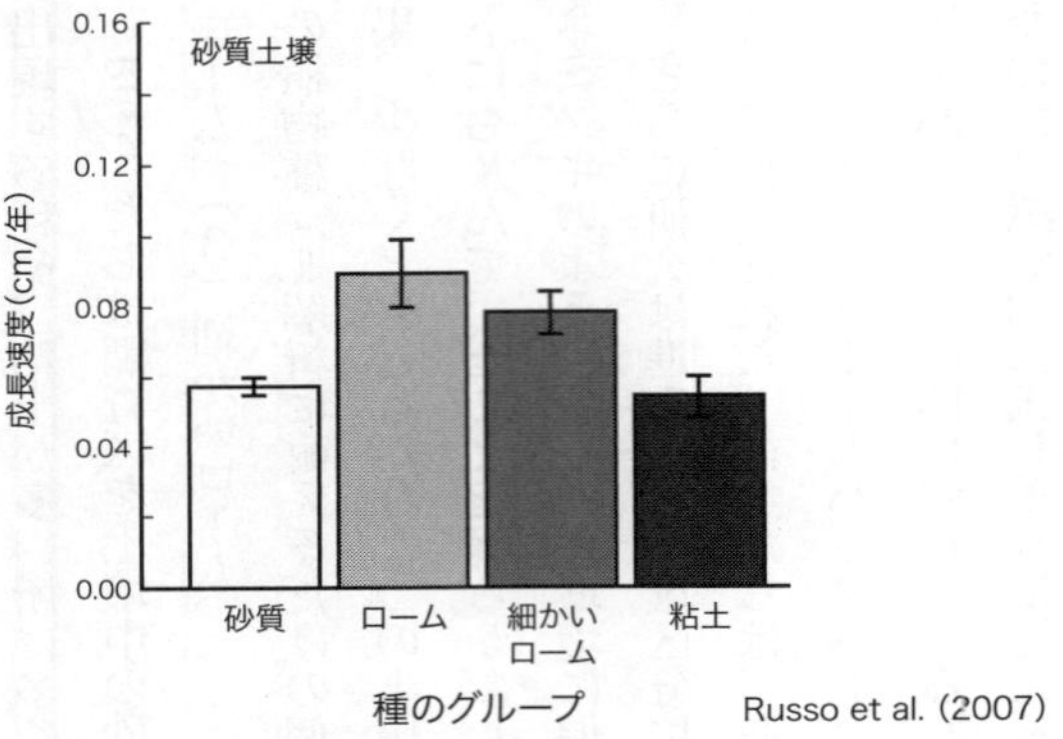

図 8-5　砂質土壌における砂質、ローム、細かいローム、粘土質土壌をホームはビタットにもつ種のグループの成長速度の比較

もつ種よりも成長速度が遅かったのだ（図 8-5）。それだけでなく、砂質土壌に集中して分布する種は、どの土壌区分でも他の土壌をホームハビタットにもつ種よりも低い成長速度を見せていた。植物と土壌区分の間にホームアドバンテージの関係がある、と言うには程遠い世界をデータは示していた。

Russo たちの研究は土壌区分ごとに、異なるホームハビタットをもつ種間の成長速度と生残率を比較したものだったが、見方を変えると違う世界も見えてくる。彼女たちのデータからは、「ある土壌区分に偏って分布する種は、どの土壌区分に生えたとしても成長速度や生残率をあまり変化させない」とも言えるものだった。

ホームアドバンテージが現れない Russo たちの結果は、私がボルネオフネミノキで見ていたものとほぼ同じであった。彼女たちの研究を目の当たりにしたとき、「やばい、先を越された」とネガティブな気持ちになるというよりはむしろ、「私が見ていた世界と同じものを見ていた人がここにもいた！」と、安堵に似た気持ちを覚えた。普段はそんなに好きではないのだけれども、その日のランチに食べたライ麦パンが本当においしく感じたことまで覚えている。

Russoたちに続けと言わんとばかりに、私はボルネオフネミノキの研究成果の公表を目指した。幸いにも投稿先の研究雑誌の編集者にも好評で、その研究雑誌に私の研究論文は掲載されることが許された。

ある物理環境に偏って分布する種であったとしても、ホームアドバンテージを見せるとは限らない（＝その環境で他の種よりも高い成長速度や生残率をもつわけではない）。これが、私やRussoたちの研究が明らかにした事実である。

論文を公表してから七年くらいたったある日、偶然とある国際学会でRussoさんに会うことができた。初対面だった。勇気を出して、ロビーにいたRussoさんに「あなたの研究にはいつも勇気付けられている」と伝えてみた。すると、彼女は私の名前を確認し、「あー、あなたがYamadaなのね。私の論文を読んでくれているのだからわかってると思うけど、私はほとんどの論文であなたの研究成果を引用しているのよ。あなたの研究成果には驚かされたわ」と言ってくれた。お互いの健闘を讃《たた》え、しばしのおしゃべりを終えた。これも、私が科学を行っているときに訪れる「ちょー気持ちいい」と感じる一瞬である。

15　まだまだ謎は尽きない

私の調査結果の解釈に戻ると、それぞれの地形区分では時間が経っても個体数が変化しないのだから、地形区分間の個体密度の差は将来も維持されるはずだ。つまり、調査時に観察された分布とボルネオフネミノキの地形区分の一致は未来永劫続くことになる。ホームアドバンテージがなく、どの地形区分でも同じような個体群の維持の仕方をしているのだから、当たり前の結果かもしれない。しかし、そもそも地形区分間の個体密度の差はどうやって形成されたのだろうか？　私のデータでは、ボルネオフネミノキは尾根に根付いても、谷に根付いても、同じような生存率、成長速度、繁殖率を見せるのだから、地形区分間の個体密度の差が生じる兆しさえ見えない。にもかかわらず、最大九倍もの個体密度が観察されるのは矛盾しているように見える。

尾根、谷、斜面の地形区分間に個体密度の差が生じる理由については、私の研究はまったく答えられていない。残されたこの謎を解くためにさらに研究を進めて行こう。

ここまで読んでもらえたならば、森林生態学者が森を理解するとはどういうことか理解してもらえたと思う。最終章で示したとおり、森林生態学の研究も仮説演繹の論理展開で作られる。いや、森林生態学に限らず、どの科学分野の研究も仮説演繹で進められている。

研究室のゼミや学会では、「仮説」という言葉を何度も耳にしたことだと思うが（これから研究を始める人は、きっと聞くようになりますよ）、その実「仮説」がどんな概念なのかまで教わることは意外に少なかったのではないかと思う。本書で明らかにしたとおり、「仮説」という言葉は単独で利用できるものではなく、仮説演繹の論理展開で初めて意味をもつ言葉だ。**研究室の先生も先輩も、「仮説」という言葉を用いて、みなさんを仮説演繹の論理展開にいざない、研究を効率的に進めようと仕向けてくれているのだ。**仮説演繹の論理展開に慣れ、使いこなせるようになることが科学研究を進める最低条件であり、コツでもあることを肝に銘じて、自らの研究課題に取り組んでいってほしい。

研究は実施することではなく、論文という形で公表されて始めて価値が出るものだから、研究を行う以上、それを論文にまとめて公表することを目指すべきである。とはいえ、「まえがき」に書いたとおり、研究成果を論文にまとめるのは骨が折れることで、どうやらそれは今も昔も変わらない。研究をうまく進めるだけでなく、その成果を論文にまとめていくためには、基礎編で学んだ科学の手順をしっかり理解しておくことはもちろんのこと、それを自分の研究でうまく使いこなす力も必要である。科学の手順で研究を進め、それを論文という形で公表できるように、各自で日々の研究活動で研鑽を積んでほしい。

参考にした文献・参考になる文献

第1章

- 内井惣七 1995. 科学哲学入門―科学の方法・科学の目的　世界思想社

第2章

- 戸田山和久 2005. 科学哲学の冒険　サイエンスの目的と方法をさぐる　NHK 出版
- 重松逸造 1977. 疫学とはなにか　講談社
- Sokal, R.R. and Rohlf, F.J. 1973. Introduction to Biostatistics. W. H. Freeman and Company（藤井宏一（訳）生物統計学　共立出版）

第3章

- Mayr, E. 1988. Toward a New Philosophy of Biology Observations of an Evolution.

Harvard University Press（八杉貞雄 新妻昭夫（訳）進化論と生物哲学――一進化学者の思索　東京化学同人）
・八杉龍一 1991. 新版 科学とは何か　東京教学社
・今博計 2009. ブナにおけるマスティングの適応的意義とそのメカニズム　北海道林業試験場研究報告 46: 53-83

第4章

・山田俊弘 2018. 絵でわかる進化のしくみ　種の誕生と消滅　講談社
・Sober, E. 2000. Philosophy of Biology Second Edition. Westview Press（松本俊吉 網谷祐一 森元良太（訳）進化論の射程―生物学の哲学入門　春秋社）

第5章

・Kuhn, T.S. 1962. The Structure of Science Revolutions. The University of Chicago Press（中山茂（訳）科学革命の構造　みすず書房）

第6章

- Gould, S.J. and Lewontin, R.C. 1979. The spandrels of San Marco and the Panglossian paradigm: a critique of the adaptationist programme. Proceedings of the Royal Society of London. Series B, Biological Sciences 205: 581-598.
- 松本俊吉 2004. 進化生物学と適応主義　哲学 55: 90-112
- Yamada T., Nagkan, O.P., Suzuki, E. 2005. Differences in growth trajectory and strategy of two sympatric congeneric species in an Indonesian floodplain forest, American Journal of Botany 92: 45-52

第7章

- Ghazoul, J. and Sheil, D. 2010. Tropical Rain Forest Ecology, Diversity, and Conservation. Oxford University Press
- Shima, K., Yamada, T., Okuda T., Chiristine, F., Kassim AR. 2008. Dynamics of tree species diversity in unlogged and selectively logged Malaysian forests. Scientific Reports 8: 1024

DOI:10.1038/s41598-018-19250-z

第8章

- Caswell, H. 2000. Matrix Population Models Second Edition. Sinauer Associates, Inc
- Hubbell, S.P. 2001. The Unified Neutral Theory of Biodiversity and Biogeography. Princeton University Press（平尾聡秀　島谷健一郎　村上正志（訳）群集生態学　生物多様性学と生物地理学の統一中立理論　文一総合出版）
- Russo, S.E., Davies, S.J., King, D.A. Tan, S. 2005. Soil-related performance variation and distributions of tree species in a Bornean rain forest. Journal of Ecology 93: 879-889
- Yamada, T., Zuidema, P.A., Itoh, A., Yamakura, T., Ohkubo, T., Kanzaki, M., Tan, S., Ashton, P.S. 2007. Strong habitat preference of a tropical rain forest tree does not imply large differences in population dynamics across habitats. Journal of Ecology 95: 332-342

あとがき

「ご脱稿まことにお疲れ様でございました」

編集者からのねぎらいの言葉とともに、編集室に響き渡る、割れんばかりの拍手。

そんなものを想像していたのだけれども、突然送られてきた封筒の中に見つけたゲラと、それに添えられた、

「朱入れは〇月〇日までにお済ませください」

と書かれた一筆箋により、「現実はこんなものなのか。だいぶドラマとは違うんだな」、と、どうやら脱稿したことに気づかされたのであった。

とはいえ、できあがった原稿を前に目を閉じると、万感の思いがこみ上げてくる。一年余りの執筆活動は、困難を極めたというほどではないけれども、決して順風満帆でもなかった。ときには、原稿を読んだ編集者から、「先生、しっかりしてください。自分が何を書いているかわかっていらっしゃいますか？　今の先生を喩えると、卒業式で学長が告辞を述べているその前で、ツイストを踊っているようなものですよ」、と、今まで聞いたことのない、破壊力抜群の言葉で諫められたことさえあった。今思えば、すべて懐かしい思い出だ。学校を卒業するような寂しささえ覚えるほどである。

さて、寝る間を惜しみ執筆を続けたのも、それに対して編集者が、時々強めの助言をしてくれたのも、「良いものを世に送り出したい」、という共通の目標のためだった。こうして本書が完成できたのも、私のまずい文章や構成をわかりやすくなるように、辛抱強く指摘してくれた文一総合出版、編集の今井悠さんのおかげだと思っている。また、我が研究室の多くの学生諸氏に原稿を読んでもらい、読みづらい点、わかりづらい所を指摘していただいた。おかげで、ずいぶん読みやすくなったと思う。ただし、依然としてそういったところが残っているかもしれないが……。もちろん、これについては私の責任である。

この本を書くにあたって、広島大学大学院 総合科学研究科 宮園健吾博士に第1章から第4章、および第6章を、大阪市立大学大学院 伊東明教授に第7章と第8章をご専門の立場から読んでいただき、誤りの指摘や助言をいただいた。ここに名前をあげて、お礼申し上げる。

本書が多くの人の手に渡り、世界が変わることを夢見て。

二〇一八年九月

山田俊弘

【ま】

【や】

【ら】

【さ】

索　引

著者：山田 俊弘（やまだ・としひろ）

広島大学大学院 総合科学研究科 教授。博士（理学）
熱帯林での25年を超える研究歴（植物生態学・森林生態学）があり、毎年数回、インドネシア、マレーシア、ミャンマーなどの熱帯林で調査を行っている。専門は熱帯林の生物多様性とその保全。1999年 日本熱帯生態学会吉良賞、2015年 日本生態学会大島賞受賞。著書に『絵でわかる進化のしくみ 種の誕生と消滅』（講談社）、『温暖化対策で熱帯林は救えるか』（分担執筆：2章-4担当、文一総合出版）

論文を書くための科学の手順

2018年10月23日　初版第1刷発行
2019年　5月24日　初版第2刷発行

著●山田俊弘

発行者●斉藤博
発行所●株式会社　文一総合出版
〒162-0812　東京都新宿区西五軒町2-5
電話●03-3235-7341　ファクシミリ●03-3269-1402
郵便振替●00120-5-42149
印刷・製本●モリモト印刷株式会社

イラスト●栗生ゑゐこ
カバーデザイン●川路あずさ
定価はカバーに表示してあります。
乱丁、落丁はお取り替えいたします。

ISBN978-4-8299-6531-3 Printed in Japan
NDC407　B6（128×182 mm）　320ページ